低维纳米材料
拓扑电子态及热输运性质的理论研究

张会生　著

中国原子能出版社

图书在版编目 (CIP) 数据

低维纳米材料拓扑电子态及热输运性质的理论研究 /
张会生著 . -- 北京：中国原子能出版社，2021.11
ISBN 978-7-5221-1675-4

Ⅰ . ①低… Ⅱ . ①张… Ⅲ . ①纳米材料—研究 Ⅳ .
① TB383

中国版本图书馆 CIP 数据核字（2021）第 233069 号

内 容 简 介

自从石墨烯和拓扑绝缘体被成功制备后，由于其独特的物理性质，近年来受到人们广泛地关注。其中，石墨烯具有极高的电子迁移率、很好的弹道传输特性以及巨大的Seebeck系数。基于拓扑绝缘体，科研人员预言了许多有趣的现象：例如，巨大的磁电效应、量子自旋霍尔效应和量子反常霍尔效应。这些优异的特性使得石墨烯以及拓扑绝缘体在微/纳电子器件和量子计算方面有着巨大的应用前景。本书着重介绍了低维材料的电学、磁学、热学以及拓扑特性。

低维纳米材料拓扑电子态及热输运性质的理论研究

出版发行	中国原子能出版社（北京市海淀区阜成路 43 号 100048）	
责任编辑	白皎玮	
责任校对	冯莲凤	
印　　刷	三河市德贤弘印务有限公司	
经　　销	全国新华书店	
开　　本	710 mm×1000 mm　1/16	
印　　张	9.25	
字　　数	126 千字	
版　　次	2022 年 6 月第 1 版　2022 年 6 月第 1 次印刷	
书　　号	ISBN 978-7-5221-1675-4　　定　　价　　138.00 元	

网　　址：http://www.aep.com.cn　　E-mail:atomep123@126.com
发行电话：010-68452845　　　　　版权所有　侵权必究

前　言

　　拓扑绝缘体是指体电子态具有能隙,而其表面是无能隙的导电金属态的一类新颖材料。由于其特有的能带特征,在凝聚态物理以及材料科学领域受到广泛的关注。基于拓扑绝缘体,科研工作者预言了许多有趣的现象,例如,巨大的磁电效应、Majorana 费米子、量子自旋霍尔效应和量子反常霍尔效应。这意味着拓扑绝缘体在电子学和量子计算方面有着巨大的应用前景。保持时间反演对称性的量子自旋霍尔效应体系和破坏时间反演对称性的量子反常霍尔效应体系是两种典型的二维拓扑绝缘体。对于量子自旋霍尔效应体系,其样品的边界处存在自旋方向相反的自旋流,但是没有净的电荷流。而对于量子反常霍尔效应体系,它的边界处存在手性的边界态,体系存在净的电荷流。由于量子反常霍尔效应体系的边界态相当于理想的导线,因此在电子器件应用方面具有独特的优势。此外,目前先进的微电子技术为实现量子反常霍尔效应提供了技术支持。因此,我们比较关心如何在二维材料中实现量子反常霍尔效应。

　　自从石墨烯被成功制备后,由于其独特的物理、化学及力学特性,近年来受到人们广泛的关注。研究发现石墨烯具有极高的电子迁移率、很好的弹道传输特性以及巨大的 Seebeck 系数。这些优异的性能使得石墨烯可作为微电子器件理想的候选材料,其中包括逻辑门器件和热电动力的发电机。此外,由于石墨烯和石墨烯纳米条带具有很好的热学性质,使得它们在高集成的纳米电子器件散热方面有着独特的优势。近来的理论计算和实验测量发现石墨烯具有极高的热导率,约为 5 000 W/mK。这意味着石墨烯和石墨烯纳米条带在热电子器件方面具有广阔的应用前景,比如将它们制成热整流器和热晶体管。本书中我们主要研究了利用碳纳米管制备石墨烯纳米条带过程中卷曲效应对热输运性质的影响。

第 1 章简要介绍了拓扑绝缘体的研究现状及拓扑不变量的基本概念。随后介绍了研究低维纳米材料热输运性质的重要性以及石墨烯和碳纳米管热输运性质的研究现状。

在第 2 章中,我们介绍了三种常见的数值计算方法:基于密度泛函理论的第一性原理方法、最局域化的瓦尼尔函数方法及用于研究热输运的分子动力学方法。同时我们给出了如何计算贝里曲率、陈数以及霍尔电导。

第 3 章研究了稳定的二维哑铃状结构的锡烯吸附铬原子的电子结构和拓扑性质。结果表明,该体系中在 Γ 点而非 K 和 K' 处打开非平庸的带隙。这种拓扑性质主要是由锡原子的上自旋 $p_{x,y}$ 轨道和下自旋 p_z 轨道能带翻转导致的。通过计算得到的陈数为 -1,表明在体系的边界处会出现有手性的传输通道。通过在面内施加张应力,非平庸的带隙可以调节至 50 meV。此外,我们发现该体系生长在氮化硼表面时,氮化硼衬底对其能带结构几乎没有影响。

在第 4 章中,我们系统地研究了半饱和六角晶格的锡烯长在单层 PbI_2 薄膜上的电子结构和拓扑性质。尽管哑铃状的锡烯要比六角晶格的锡烯稳定,但是六角晶格的锡烯首先在实验中被制备出来。结果表明,在半饱和的 Sn/PbI_2 异质结中可以实现量子反常霍尔效应。得到的非平庸带隙可以达到 90 meV,这比之前报道量子反常霍尔效应的带隙大很多。计算得到的陈数为 1 表明边缘态是受拓扑保护的,体系的边界处会出现手性的传输通道。即使没磁性原子,我们也可以在这种异质结中实现量子反常霍尔效应。基于这个体系,我们设计了一种更为稳定地实现量子反常霍尔效应的三明治结构的异质结。

第 5 章中,我们主要通过周期性缺陷以及引入 C_{60} 分子来调控低维纳米材料的热导率。首先研究了完美石墨带和有缺陷石墨带的热导率。研究发现,在石墨带中引入周期性的缺陷,特别是正方形的缺陷,能够有效地降低石墨带的热导率。有意思的是,随着长度的增加,完美石墨带的热导率逐渐增加,而具有缺陷石墨带的热导率几乎不变。通过分析声子平均自由程,我们发现缺陷石墨带的热导率是由缺陷浓度决定的。这一结果有利于我们更好地了解声子在石墨带上的热传输机制。此外,我们通过在纳米碳管中引入 C_{60} 分子来控制碳管的热导率。计算结果显示,纳米碳管的热导率可以通过 C_{60} 分子的数目来调节。随着 C_{60} 分子数目的增加,热导率首先增加,然后呈现线性的递减趋势。这表明填充 C_{60} 分子的纳米碳管可以作为很好的热控制器。

第 6 章中,我们主要研究了节点对石墨带热导率的影响。首先研究了完美石墨带和锯齿形状石墨带的热导率。锯齿形状石墨带热导率比完美石墨带要低得多。当石墨带长度固定时,随着片段石墨带长度的增加,热导率首先急剧地下降,然后呈缓慢上升趋势。我们将此现在归结为以下两个原因:边界粗糙和节点影响。此外,通过系统地研究石墨带和纳米碳管的热导率,发现 ZGNR 的边界有利于声子的传输,而 AGNR 的边界不利于声子传输。这一观点与我们普遍认为的边界不利于声子传输这一观点相违背。这对我们更好地理解声子在石墨带和纳米碳管上的传输机制有很大的帮助。

在第 7 章中,我们利用非平衡分子动力学方法系统地研究了石墨烯纳米条带卷曲成碳纳米管过程中热导率的变化。结果发现,当尺寸相同时,扶手椅型的石墨烯纳米条带热导率小于锯齿型碳纳米管的热导率;而锯齿型的石墨烯纳米条带热导率大于扶手椅型碳纳米管的热导率。这种完全相反的趋势主要归因于两种不同的边界对热输运性质起到了完全不同的作用。通过分析石墨烯纳米条带和碳纳米管的声子参与率,我们发现锯齿型石墨烯纳米条带的边界有利于热输运,而扶手椅型石墨烯纳米条带刚好相反。此外,研究结果表明,低频声子对石墨烯纳米条带和碳纳米管的热输运性质起到非常重要的作用。通过计算局域的振动态密度,我们证明两种不同边界确实起到了不同作用。

本书第 8 章对前面的内容进行了总结,并对以后的研究做出了展望。

由于时间和水平有限,书中疏漏之处在所难免,敬请读者不吝指正,不胜感激。

作　者

2021 年 8 月

目　录

第1章　绪　论 ………………………………………………… 1

1.1　拓扑绝缘体的研究状况 ………………………………… 2

1.2　拓扑不变量 …………………………………………… 10

1.3　低维纳米材料热输运特性的研究背景 ………………… 12

参考文献 …………………………………………………… 17

第2章　第一性原理、最局域 Wannier 函数及分子动力学
方法 ……………………………………………………25

2.1　第一性原理方法 ……………………………………… 26

2.2　最局域 Wannier 函数方法 …………………………… 36

2.3　分子动力学方法 ……………………………………… 41

参考文献 …………………………………………………… 46

第3章　哑铃状锡烯中的量子反常霍尔效应 …………………51

3.1　研究背景与动机 ……………………………………… 51

3.2　计算方法和模型 ……………………………………… 53

3.3　计算结果与讨论 ··· 55

3.4　小结 ·· 62

参考文献 ·· 63

第 4 章　在非磁衬底的锡烯薄膜上实现量子反常霍尔
效应 ··· 69

4.1　研究背景与动机 ··· 69

4.2　计算方法和模型 ··· 72

4.3　计算结果与讨论 ··· 74

4.4　小结 ·· 83

参考文献 ·· 84

第 5 章　利用周期性缺陷以及 C_{60} 掺杂来调控低维碳纳米
材料的热导率 ··· 89

5.1　研究背景与动机 ··· 89

5.2　计算结果与讨论 ··· 90

5.3　小结 ·· 99

参考文献 ·· 100

第 6 章　节点对石墨带热输运性质的分子动力学研究 ······· 107

6.1　研究背景与动机 ··· 107

6.2　计算结果与讨论 ··· 108

6.3　小结 ·· 112

参考文献 ·· 114

第7章 卷曲石墨烯纳米条带的热输运性质⋯⋯⋯⋯⋯⋯117

7.1 研究背景与动机⋯⋯⋯⋯⋯⋯⋯⋯⋯⋯⋯ 117

7.2 计算方法与模型⋯⋯⋯⋯⋯⋯⋯⋯⋯⋯⋯ 121

7.3 计算结果与讨论⋯⋯⋯⋯⋯⋯⋯⋯⋯⋯⋯ 122

7.4 小结⋯⋯⋯⋯⋯⋯⋯⋯⋯⋯⋯⋯⋯⋯⋯ 127

参考文献⋯⋯⋯⋯⋯⋯⋯⋯⋯⋯⋯⋯⋯⋯ 128

第8章 总结与展望⋯⋯⋯⋯⋯⋯⋯⋯⋯⋯⋯⋯⋯133

8.1 总结⋯⋯⋯⋯⋯⋯⋯⋯⋯⋯⋯⋯⋯⋯⋯ 133

8.2 展望⋯⋯⋯⋯⋯⋯⋯⋯⋯⋯⋯⋯⋯⋯⋯ 135

第1章

绪　论

20世纪以来,量子力学的蓬勃发展为物理学科及其他技术的发展起到了至关重要的作用。量子力学的发展也使人们的研究对象从宏观尺寸逐渐转向介观和微观尺寸。尤其是凝聚态物理中各种新奇的量子现象的发现,推动着各个领域的科技创新。X光技术、超导技术、微电子技术、纳米技术等的快速发展也使得各个国家的自然科学、工业技术和国防科技得到了空前的发展。同时,光电材料、热电材料以及太阳能等绿色能源的开发,也逐渐缓解了人们目前面临的传统能源枯竭的危机。

1.1 拓扑绝缘体的研究状况

最近,凝聚态物理中一种新的量子态——拓扑绝缘体(TIs)[1-6]的发现,在全世界范围引起了一阵新的研究高潮。拓扑绝缘体与普通绝缘体虽然在体能带结构上表现出类似的绝缘性质,但是两者是有本质区别的:由于拓扑绝缘体其特殊拓扑性的存在,其边界(对二维体系)或者表面(三维体系)会出现受拓扑保护的具有金属特性的边界态或者表面态。这种特殊拓扑态是由该体系的拓扑结构决定的,并不受材料内的缺陷和无序的影响。如果将这种独特的拓扑性质应用于电子器件和量子计算中,这可能对未来信息技术的发展产生革命性的影响。从物理学的本质来看,拓扑电子态与量子霍尔效应(QHE)、量子自旋霍尔效应(QSHE)和量子反常霍尔效应(QAHE)有着非常紧密的联系。它们的本质都是通过体系内电子能带结构的拓扑性质来实现这些新奇的效应。因此,拓扑绝缘体的发现很快就引起了凝聚态物理学和材料科学方面科研工作者的浓厚兴趣。

2004 年,曼彻斯特大学的 A. Geim 和 K. Novoselov 等人从三维的石墨上剥离出了单层的石墨,即石墨烯[7]。随后,由于他们在二维材料中取得的突破性实验成果获得了 2010 年诺贝尔物理学奖。紧接着,人们对其他类似的蜂窝状的二维材料也进行了广泛地研究,尤其是与碳为同一族的由硅、锗和锡原子组成的二维蜂窝状结构。由于这些低维纳米材料具有独特的结构,使得它们表现出特有的性质,例如量子尺寸效应、表面效应、量子隧道效应等,进而表现出在力学、热学、光学、电磁学等方面优异的性能。作为首先被发现的二维材料——石墨烯,其具有极高的电子迁移率、很好的弹道传输特性、极高的热导率和很大的 Seebeck 系数[8-11]。这些优异的性能使得石墨烯在纳米电子学、光学等领域都有着非常好的应用前景。理论预言,与碳为同一族的由硅原子、锗原子和锡原子组成的二维结构——硅烯、锗烯和锡烯是量子自旋霍尔效应体系[12,13]。随后,科研人员在实验中证实了这三种二维结构确实存在[14-16]。

下面,我们着重介绍以下三种典型的二维拓扑电子态体系,其中整数量子霍尔效应 [QHE,图 1.1(d)]、量子自旋霍尔效应 [QSHE,图 1.1(f)] 和量子反常霍尔效应 [QAHE,图 1.1(e)] 分别是霍尔效应 [Hall,图 1.1(a)]、自旋霍尔效应 [SHE,图 1.1(c)] 和反常霍尔效应 [AHE,图 1.1(b)] 的量子化版本。

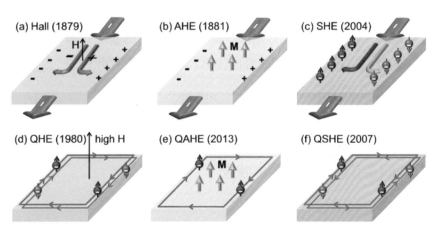

(a)霍尔效应;(b)反常霍尔效应;(c)自旋霍尔效应;(d)量子霍尔效应;(e)量子反常霍尔效应;(f)量子自旋霍尔效应

图 1.1 六种霍尔效应示意图(图片取自文献[17])

1.1.1 整数量子霍尔效应

在介绍整数量子霍尔效应之前,首先介绍一下霍尔效应[18]: 1879 年,霍尔在研究中发现,将通有电流的导体置于垂直方向的磁场时,由于导体内的电子受到洛伦兹力的作用而偏向一边,从而在导体的两侧产生电势差,如图 1.1(a)所示。1980 年, Klitzing 等人在研究二维电子气的时候发现,当外加磁场增大到特定数值以后,测量得到的霍尔电导呈现出量子化的平台,即整数量子霍尔效应[19], 如图 1.1(d)所示。这时,虽然体系处于绝缘状态,但是在体系的边界却存在着具有手性的无耗散的电流传输通道。整数量子霍尔效应的发现其本质就是经典物理向量子物理转变的过程,是量子力学的宏观反应。由于这个现象的发现对基础物理的研究有着非常重要的意义,因此 Klitzing 获得了 1985 年的诺贝尔物理学奖。

2005 年,张远波实验组在石墨烯体系中观测到了整数量子霍尔效应[20]。图 1.2 给出了在该体系中测量得到的量子化霍尔电阻。从图 1.2(a)中可以明显地看出,随着磁场的变化霍尔电阻(R_{xy})呈现出量子化的变化趋势。

1.1.2 量子自旋霍尔效应

对于霍尔效应而言,我们只考虑了电子的移动和积累,并没考虑电子的自旋属性。当考虑自旋轨道耦合相互作用后,其样品的边界处存在自旋方向相反的自旋流,即自旋霍尔效应[21]。2005 年, Kane 和 Mele 在研究石墨烯体系时首次提出了量子自旋霍尔效应的概念[22]。考虑石墨烯体系的自旋轨道耦合作用后,当费米面位于带隙中时,会测得量子化的自旋霍尔电导,即在石墨烯体系的边界处存在自旋分辨的边界态,此边界态是受时间反演对称性保护的。这种自旋分辨的边界态可应用于自旋电子学以及自旋电子器件中。由于石墨烯中碳原子的自旋轨道耦合作用非常弱,理论上表现出来的是带隙非常小[23],使得在实验中很难观测到量子自旋霍尔效应。

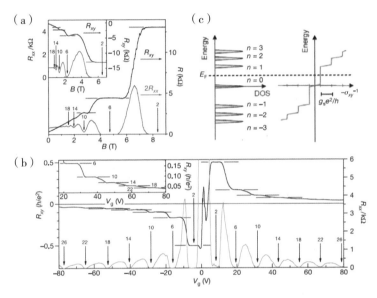

图 1.2　在石墨烯中测到的量子化的霍尔电阻。图(a)是 $T = 30$ mK 和 $V_g = 15$ V 时,
测到的霍尔电阻(黑线)和磁阻(红线)。图(b)是在温度固定在 1.6 K,磁场强度
$B = 9$ T 时,测到的霍尔电阻(黑线)和磁阻(黄线)随着门电压的变化趋势。
图(c)是朗道能级的态密度和相应的霍尔电导随着能量变化的示意图
(图片取自文献 [20])

2006 年,Bernevig 等人提出了在 CdTe/HgTe 量子阱中通过调节 HgTe 层的厚度使得该体系出现能带反转从而实现量子自旋霍尔效应[24]。该想法的可行性在于:(1)此体系中 Hg 和 Te 是相对比较重的元素,体系会有非常强的自旋轨道耦合作用;(2)实验中有相对比较成熟的生长 HgTe 和 CdTe 材料的技术。随后，在 2007 年，德国的 Molenkamp 实验组在有限厚度的 HgTe 量子阱体系中观测到了具有手性的自旋分辨的边界态[25]。图 1.3 给出了在不同厚度的 HgTe 量子阱中测得的霍尔电导随门电压的变化趋势。图中红色虚线表示在厚度为 7.3nm 的量子阱中测得的量子化霍尔电导。此外，Knez 课题组在倒置的 InAs/GaSb 量子阱体系中也观测到了量子自旋霍尔效应[26]。

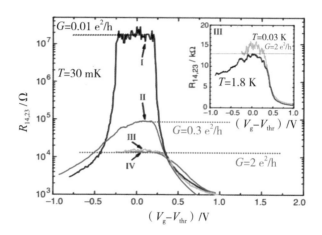

图 1.3　在不同厚度的 HgTe 量子阱中测得的霍尔电导随门电压的变化趋势，其中温度控制在 30 mK。当量子阱的厚度为 7.3 nm 时，测得量子化的霍尔电导（如红线虚线所示）。（图片取自文献 [25]）

1.1.3　量子反常霍尔效应

首先介绍一下反常霍尔效应：1880 年，Hall 在研究中发现，当把霍尔效应中普通金属替换成磁性金属时，也可以观测到霍尔效应[27]。

即在无外磁场的情况下观测到了霍尔效应。其机制是由于样品本身具有长程的铁磁序,从而起到了有效磁场的作用。这种在不需要磁场或者在很弱的磁场中发现的霍尔效应被称为反常霍尔效应(AHE),如图 1.1(b)所示。单从测量结果来看,似乎反常霍尔效应与霍尔效应是一样的,但是从产生的机制来看,两者是有本质区别的。关于反常霍尔效应的机理,历史上一直存在着争论,总的来讲主要有两类解释:一类是内禀机制,1954 年,Karplus 和 Luttinger 提出反常速度理论。在研究自旋轨道耦合作用对电子输运的影响中,他们首次提出了反常霍尔效应的内禀机制[28],如图 1.4(a)所示。该内禀机制跟杂质和晶格散射没有任何关系,认为反常霍尔效应的出现完全是材料系统的本征特性。另一类是外禀机制,分别是 Smit 等人提出的反常霍尔效应的螺旋散射机制[29][图 1.4(c)],和 1970 年 Berger 提出的边跳机制[30],如图 1.4(b)所示,这种机制和系统的杂质和缺陷有关。

这两类机制的争论一直持续到 2000 年左右。随着自旋电子学的兴起,人们对反常霍尔效应理论机制有了更进一步的认识,意识到反常霍尔效应是与材料中电子结构的贝里相位以及自旋轨道耦合作用紧密相关的[28]。当考虑自旋轨道耦合相互作用后,体系的时间反演对称性被破坏,由于材料特殊的电子结构使得在动量空间中出现非零的贝里相位,而该非零贝里相位的存在将会导致电子的运动轨迹的改变,从而出现反常霍尔效应,因而这是一种内禀机制。通过对 Sr_2RuO_3 系统[31]及金属 Fe[32]中的反常霍尔效应进行的第一性原理计算证实了这种内禀机制的主导作用。随后很多实验与理论研究都证实了这种基于贝里相位的内禀机制的正确性。这种内禀机制对于我们后面理解量子化反常霍尔效应至关重要。

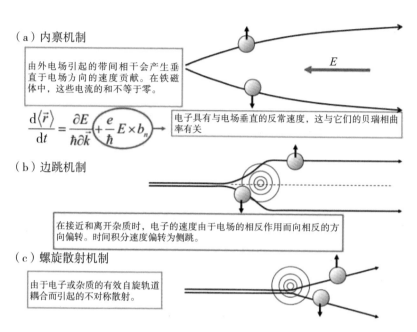

图 1.4 反常霍尔效应的三种物理机制示意图。其中,图(a)、(b)和(c)分别表示内禀机制(Intrinsic Deflection),边跳机制(Side Jump)和螺旋散射机制(Skew Scattering)(图片取自文献 [39])

1988 年, Haldane 提出在蜂窝状的六角晶格中施加一定的磁场,而总的磁场为零来实现量子反常霍尔效应。虽然该假设施加的总磁场为零,但是该磁场破坏了时间反演对称性,系统仍存在量子化的霍尔电导。但是这样的磁场在实验中很难施加,因此该假设实验的难度极大。2008 年, Liu 等人提出在二维的 HgTe 量子阱中掺杂锰原子来实现量子反常霍尔效应[33]。该设想的出发点是通过磁性的锰原子形成长程铁磁序,使得掺杂的锰原子起到有效磁场的作用。然而实验中锰原子在 HgTe 量子阱中很难形成长程铁磁序,因此在具体实验过程中仍然需要外加一个弱磁场来保证锰原子的磁矩有序排列。

2010 年,中科院方忠课题组在理论中预言通过在拓扑绝缘体材

料 Bi_2Se_3、Bi_2Te_3 和 Sb_2Te_3 的薄膜中掺杂磁性元素来实现量子反常
霍尔效应[34]。由于掺杂的磁性原子通过弗莱克顺磁性形成了长程
铁磁序。该体系与上面介绍的在 HgTe 量子阱中掺杂磁性原子的原
理明显不同：这里不需要载流子，体系在绝缘的情况下仍体现出长
程铁磁序。这个有效的磁场使得体系的能带结构出现非平庸的拓
扑性质，从而实现了量子反常霍尔效应。尽管人们一直都在寻找能
够实现量子反常霍尔效应的体系，但是一直都没得到好的结果。直
到 2013 年，清华大学薛其坤院士领衔的实验组和方忠的理论组合
作，利用分子束外延方法生长出了高质量的 $Cr_{0.15}(Bi_{0.1}Sb_{0.9})_{1.85}Te_3$ 磁
性薄膜材料，在低温 30 mK 下首次观测到了量子反常霍尔效应[35]，
如图 1.5 所示。在零磁场下，测得该体系对应的霍尔电导为 e^2/h，即
在体系的边界存在一个量子化输运通道。随后，通过在 $(Bi,Sb)_2Te_3$
薄膜材料中掺杂铬或者钒元素，在几十毫开尔文的温度也可以观测
到量子反常霍尔效应[36,37]。

对比量子自旋霍尔效应，量子反常霍尔效应体系的边界态相当于
理想的导线，电子在边界处的运动不会受到杂质的散射。如果用量子
反常霍尔效应体系制成的电子器件替代传统的以硅为基底的电子器
件，将会克服目前微电子产业面临的热耗散问题。然而，由上述实验可
以看出，目前量子反常霍尔效应体系的工作温度极低（几十毫开尔文），
距实际应用还有一定的距离。因此，如何能够提高工作温度是我们目
前急需解决的难题。

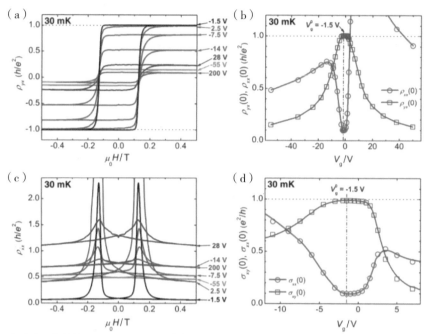

（a）在不同的门电压下,测得的霍尔电阻率随磁场变化曲线;（b）零磁场下,霍尔电阻率 ρ_{xy}（蓝色）和纵向电阻率 ρ_{xx}（红色）随着门电压变化曲线;（c）在不同的门电压下,纵向电阻率 ρ_{xx} 随磁场变化曲线;（d）零磁场下,霍尔电导 σ_{xy}（蓝色）和纵向电导 σ_{xx}（红色）随着门电压变化曲线

图 1.5 在温度 30 mK 下测得的量子反常霍尔效应(图片取自文献 [11])

1.2 拓扑不变量

对于量子霍尔效应、量子自旋霍尔效应以及量子反常霍尔效应体系,它们都属于拓扑非平庸态,那么如何来区分它们呢? 近

来的研究结果表明,虽然它们的体能带结构相似,但是可以从数学上的拓扑分类来区分这些能带结构。通常我们用 Chern 拓扑数 (TKNN)——陈数来表征量子霍尔效应和量子反常霍尔效应[38]。当体系的陈数是非零的整数时,体系边界会出现手性的边界态,即体系存在净的电荷流,其中陈数代表通道数目。对量子自旋霍尔效应,我们用 Z_2 拓扑数来表征[39]。当体系的 Z_2 拓扑数是 1 时,体系边界会出现自旋分辨的边界态,但是没有净的电荷流。由于该论文中只考虑了量子反常霍尔效应体系,因此我们只简单给出陈数的计算公式。

对于二维整数量子霍尔系统,Thouless 等人通过线性响应理论计算得到系统的霍尔电导:

$$\sigma_{xy} = i\frac{e^2}{\hbar} \int_{BZ} \frac{d^2k}{(2\pi)^2} \sum \left[\langle \partial_x u_n | \partial_y u_n \rangle - \langle \partial_y u_n | \partial_x u_n \rangle \right]。 \qquad (1.2.1)$$

这里,我们定义:$A\,\alpha\,(k) = i \sum \langle u_n | \partial_\alpha | u_n \rangle$ 是贝里联络。贝里曲率定义为:

$$\Omega_{xy}(k) = (\nabla \times A)_z = \partial_x A_y - \partial_y A_x = \sum \left[\langle \partial_x u_n | \partial_y u_n \rangle - \langle \partial_y u_n | \partial_x u_n \rangle \right],$$

这样式(1.2.1)就可以表示为更简单的形式:

$$\sigma_{xy} = \frac{e^2}{\hbar} \int_{BZ} \frac{d^2k}{(2\pi)^2} \Omega_{xy} = v\frac{e^2}{\hbar}, \qquad (1.2.2)$$

$$v = \frac{1}{2\pi} \int \frac{d^2k}{(2\pi)^2} \Omega_{xy} = \frac{1}{2\pi} \int d^2k (\nabla \times A)_z = \frac{1}{2\pi} \oint_{\partial BZ} dk \cdot A。 \qquad (1.2.3)$$

由周期性边界条件和布洛赫函数的单值性,贝里联络沿着布里渊区边界的回路积分只能是 2π 的整数倍,$\frac{1}{2\pi} \oint_{\partial BZ} dk \cdot A = m$,$(m \in Z)$。

这时，σ_{xy} 只能是量子化的，即是 $\dfrac{e^2}{h}$ 的整数倍。式（1.2.3）中的整数 ν 就是 TKNN 不变量，即陈数。

1.3 低维纳米材料热输运特性的研究背景

随着科技的发展，由于电子器件的高度集成化，在纳米材料的制备和加工过程中，不可避免地会遇到有关材料加热、熔化以及散热等热输运问题。因此，如何解决电子器件高度集成化带来的热耗散问题已经成为人们越来越关心的问题。

首先，研究低维纳米材料热输运性质的本质是为了解决微电子产业发展过程中遇到的各种热输运问题。随着电子器件高度集成化，电子器件的尺寸从原来的微米尺度逐渐向纳米尺度转变[40]。随着材料尺寸的变化，电子器件的热输运性质也会受到很大影响。而电子器件的高度密集化导致的散热问题则是人们关心的最主要问题。例如，随着电子科学技术的发展，人们希望通过不断提高中央处理器的频率，来提高电脑的反应速度。但是由此带来的是晶体管数呈指数倍的增长，以及电脑各个器件散热面积的减小。因此，随之而来的电脑散热问题成为目前面临的最大问题。假如我们能够将具有极高热导率的低维纳米材料，例如石墨烯和碳纳米管等设计成相应的电子器件来取代目前以硅材料为主的电子器件，那么电子器件的散热问题就能够被很好地解决。这样就可以很好地提升电子器件的性能并提高它们的使用寿命，同时使得纳米电子器件产业得到更好的发展。

其次,研究低维纳米材料的热输运性质对开发新的能源有着重要的作用。如果能将纳米材料应用于热电材料,这能很好地解决人类目前面临的不可再生能源危机。研究发现,用低维纳米材料制备的热电材料比传统的热电材料的热电转化效率要高很多。相比于传统的低效率太阳能材料,热电材料有其独特的应用,它可以将废热重新转化为有用的电能。若将热电材料大规模应用于工厂中,可以极大地节省能源,有效降低工业生产成本。此外,许多低热导率的纳米材料可以制备成热的存储器件 [41],这种新的器件可以有效地储存热能达一周之久。这种储热成本相比其他器件要低很多。

最后,研究低维纳米材料的热输运性质,不但对化学化工、航天技术等科技领域的发展起着至关重要的作用,而且就热输运这个研究方向本身来说也是很有价值的。尽管目前已有许多科学研究工作者对这方面做了很广泛并且很深入的研究,但是目前仍面临着很多的问题。例如实验之间、理论之间以及实验与理论之间都存在较大的差异。因此,开展低维纳米材料的热输运研究是很有必要的。例如,实验中测得有衬底时石墨烯的热导率是 $400 \sim 600$ W/mK[42,43],而无衬底时热导率为 $2\,500 \sim 5\,300$ W/mK[42-44],两者差距非常大。此外,理论之间计算得到的石墨烯纳米条带的热导率差异也很大。例如文献 [45] 计算得到的石墨烯纳米条带的热导率约为 $2\,000$ W/mK,而文献 [46-50] 得到的热导率紧紧为 200 W/mK 左右。

1.3.1　石墨烯的热输运性质

最近研究发现,石墨烯具有极高的电子迁移率,很好的弹道传输性质以及很高的 Seebeck 系数[51-56]。在实验中发现,单层石墨烯的热导率大约为 5 000 W/mK[42]，这比其他材料的热导率要高得多。图 1.7（a）给出了实验中利用激光测量单层石墨烯热导率示意图。图 1.7（b）给出了实验中测得的单层石墨烯、多壁碳纳米管以及单壁碳纳米管的热导率。由于单层石墨烯极高的热导率，研究人员对它的热输运性质产生了浓厚的兴趣。近年来对于石墨烯理论与实验的研究发现，其优良的热输运性质在未来的电子器件领域将会发挥非常重要的作用，有人甚至预言石墨烯可以代替硅而引起新的技术革命。

1.3.2 碳纳米管的热输运性质

自从碳纳米管被发现以后，它的电学、力学以及热学特性已经被广泛地研究[57-65]。理论计算和实验测量表明，碳纳米管具有很高的热导率。图 1.8 给出了扫描电子显微镜下测量单壁碳纳米管热导率的示意图以及热导率随温度变化趋势。从图中可以看出，随着温度的升高热导率呈明显下降趋势。在室温（300 K）时，单壁碳纳米管的热导率为 3 200 W/mK，这比石墨烯的热导率稍低一点。这些优异的物理性质表明，单壁碳纳米管也可以应用到集成电路以及原子力显微镜等方面。研究者利用单壁碳纳米管的这种优良的热输运特性设计出了各种各样的热器件，例如，热整流器[66-69]，热晶体管[70]，热逻辑门以及热存储器[71]。图 1.9 给出了利用热器件设计出来的热晶体管。图（a）是热晶体管的示意图，其中 T_S、T_D 和 T_G 分别表示器件的低温端、高温端和控制端，而 J_S、J_D 和 J_G 分别表示流过这三端的热流。图（b）表示热晶体管的工作原理图。通过调节 T_G 和 J_G 的大小可以控制热晶体管的工作状态。除了这些器件，其他热器件，例如热控制在热循环中也起着重要的作用。假如这些设想都能

——实现,我们就可以利用更环保的热能取代不可再生的能源。

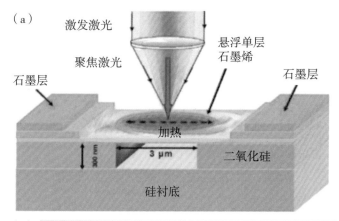

样品类型	K (W/mK)
SLG	~4 840~5 300
MW-CNT	>3 000
SW-CNT	~3 500
SW-CNT	1 750~5 800

图 1.7 (a)实验中利用激光测量单层石墨烯(Single-Layer Graphene)热导率示意图。(b)实验中测得的单层石墨烯(SLG)、多壁碳纳米管(MW-CNT)以及单壁碳纳米管(SW-CNT)的热导率(图片取自文献 [42])

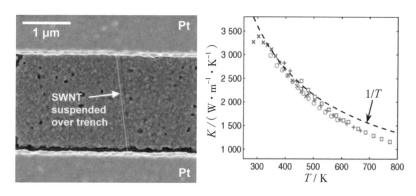

图 1.8 扫描电子显微镜下测量单壁碳纳米管热导率的示意图(左图)以及热导率随温度变化趋势(右图)(图片取自文献 [65])

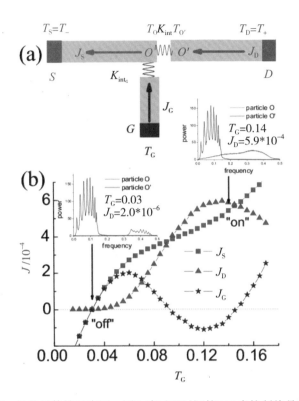

图 1.9　图 a 是热晶体管示意图。图 b 表示通过调控 TG 来控制热晶体管工作状

态（图片取自文献 [71]）

参考文献

[1] M. Z. Hasan, C. L. Kane. Colloquium: Topological Insulators [J]. Rev. Mod. Phys., 2010 (4): 3045–3067.

[2] X.L. Qi, S.C. Zhang. Topological insulators and superconductors [J]. Rev. Mod. Phys., 2011 (4): 1057–1110.

[3] A. P. Schnyder, S. Ryu, A. Furusaki, et al. Classification of topological insulators in three spatial dimensions [J]. Phys. Rev. B, 2008 (19): 195125.

[4] H. Zhang, C.X. Liu, X.L. Qi, et al. Topological insulators in Bi_2Se_3, Bi_2Te_3 and Sb_2Te_3 with a single Dirac cone on the surface [J]. Nat. Phys., 2009 (6): 438–442.

[5] Y. Xia, D. Qian, D. Hsieh, et al. Observation of a large–gap topological–insulator class with a single Dirac cone on the surface [J]. Nat. Phys., 2009 (6): 398–402.

[6] Y. L. Chen, J. G. Analytis, J.H. Chu, et al. Experimental realization of a three–dimensional topological insulator, Bi_2Te_3 [J]. Science 2009 (5937): 178–181.

[7] K. S. Novoselov, A. K. Geim, S. V. Morozov, et al. Electric field effect in atomically thin carbon films [J]. Science 2004 (5696): 666–669.

[8] J. H. Chen, G. Jang, S. Xiao, et al. Intrinsic and extrinsic performance limits of graphene devices on SiO_2 [J]. Nat. Nanotechnol., 2008 (4): 206–209.

[9] X. Du, A. Barker, E. Y. Andrei. Approaching ballistic transport in suspended graphene [J]. Nat. Nanotechnol., 2008 (8): 491–495.

[10] A. A. Balandin, S. Ghosh, W. Bao, et al. Superior thermal conducitivity of single–layer graphene [J]. Nano Lett., 2008 (3): 902–907.

[11] D. Dragoman. Giant thermoelectric effect in graphene [J]. Appl. Phys. Lett., 2007 (20): 203116.

[12] C. C. Liu, W. X. Feng, Y. G. Yao. Quantum spin Hall effect in silicene and two–dimensional germanium [J]. Phys. Rev. Lett., 2011 (7): 076802.

[13] Y. Xu, B. Yan, H.J. Zhang,et al. Large–gap quantum spin Hall insulators in tin films [J]. Phys. Rev. Lett., 2013 (13): 136804.

[14] P. Vogt, P. D. Padova, C. Quaresima, et al. Silicene: compelling experimental evidence for graphenelike two–dimensional silicon [J]. Phys. Rev. Lett., 2012 (15): 155501.

[15] L. Li, S. Lu, J. Pan, et al. Buckled germanene formation on Pt (111) [J]. Adv. Mater., 2014 (28): 4820–4824.

[16] F. Zhu, W. Chen, Yong, Xu,et al. Epitaxial growth of two–dimensional stanene [J]. Nat. Mater., 2015 (10): 1020–1025.

[17] C. Z. Chang,M. Li. Quantum anmalous Hall effect in time–reversal–symmetry breaking topological insulators [J]. J. Phys.: Condens. Matter, 2016 (12): 123002.

[18] E. H. Hall. On a new action of the magnet on electric cuttents [J]. Am. J. Mathe, 1879 (3): 287–292.

[19] K. V. Klitzing, G. Dorda, M. Pepper. New method for high–accuracy determination of the fine–structure constant based on quantized Hall resistance [J]. Phys. Rev. Lett., 1980 (6): 494–497.

[20] Y. B. Zhang, Y. W. Tan, H. L. Stormer, et al. Experimental observation of the quantum Hall effect and berry's phase in graphene [J]. Nature 2005 (7065): 201–204.

[21] J. E. Hirsch. Spin Hall effect [J]. Phys. Rev. Lett., 1999 (9): 1834–1837.

[22] C. L. Kane, E. J. Mele. Quantum spin Hall effect in graphene [J]. Phys. Rev. Lett., 2005 (22): 226801.

[23] Y. G. Yao, F. Ye, X. Qi, et al. Spin–orbit gap of graphene: First–principles calculations [J]. Phys. Rev. B, 2007 (4): 041401.

[24] B. A. Bernevig, T. A. Hughes, S. C. Zhang. Quantum spin Hall effect and topological phase transition in HgTe quantum wells [J]. Science 2006 (5806): 1757–1761.

[25] M. Konig, S. Wiedmann, C. Brue, et al. Quantum spin Hall insulator state in HgTe quantum wells [J]. Science 2007 (5851): 766–770.

[26] I. Knez, R.–R. Du, G. Sullivan. Evidence for helical edge modes in inverted InAs/GaSb quantum wells [J]. Phys. Rev. Lett., 2011 (13): 136603.

[27] E. H. Hall. On the "rotational coefficient" in nickel and cobalt [J]. Proc. Phys. Soc. London, 1880 (1): 325–342.

[28] R. Karplus, J. M. Luttinger. Hall effect in ferromagnetics [J]. Phys. Rev., 1954 (5): 1154–1160.

[29] J. Smit. The spontaneous Hall effect in ferromagnetics I [J]. Physica, 1955 (6–10): 877–887.

[30] L. Berger. Side–jump mechanism for the Hall effect of ferromagnets [J]. Phys. Rev. B, 1970 (11): 4559–4566.

[31] Z. Fang, N. Nagaosa, K. S. Takahashi, et al. The anomalous Hall effect and magnetic monopoles in momentum space [J]. Science 2003

(5642): 92–95.

[32] Y. G. Yao, L. Kleinman, A. H. MacDonald, et al. First principles calculation of anomalous Hall conductivity in ferromagnetic bbc Fe [J]. Phys. Rev. Lett., 2004 (3): 037204.

[33] C.X. Liu, X.L. Qi, X. Dai, et al. Quantum anomalous Hall effect in Hg_1–y Mny Te quantum wells [J]. Phys. Rev. Lett., 2008 (14): 146802.

[34] R. Yu, W. Zhang, H. J. Zhang, et al. Quantized anomalous Hall effect in magnetic topological insulators [J]. Science,2010 (5897): 61–64.

[35] C. Z. Chang, J. Zhang, X. Feng, et al. Experimental observation of the quantum anomalous Hall effect in a magnetic topological insulator [J]. Science 2013 (6129): 167–170.

[36] J. G. Checkelsky, R. Yoshimi, A. Tsukazaki, et al. Trajectory of the anomalous Hall effect towards the quantized state in a ferromagnetic topological insulator [J]. Nat. Phys., 2014 (10): 731–736.

[37] X. F. Kou, S. T. Guo, Y. B. Fan, et al. Scale–invariant quantum anomalous Hall effect in magnetic topological insulators beyond the two–dimensional limit [J]. Phys. Rev. Lett., 2014 (13): 137201.

[38] D. Thouless, M. Kohmoto, M. Nightingale, et al. Quantized Hall conductance in a two–dimensional periodic potential [J]. Phys. Rev. Lett., 1982 (6): 405–408.

[39] M. Konig, S. Wiedmann, C. Brue, et al. Quantum spin Hall insulator state in HgTe quantum wells [J]. Science 2007 (5851): 766–770.

[40] P. G. Collins, A. Zettl, H. Bando, et al. Nanotube nanodevice [J]. Science 1997 (5335): 100–102.

[41] F. Agyenim, N. Hewitt, P. Eames, et al. A review of materials, heat transfer and phase change problem formulation for latent heat thermal energy storage systems (LHTESS) [J]. Ren. Sust. En. Rev., 2010 (2):

615–628.

[42] A. A. Balandin, S. Ghosh, W. Bao, et al. Superior thermal conductivity of single–layer graphene [J]. Nano Lett., 2008 (3): 902–907.

[43] W. Cai, A. L. Moore, Y. Zhu, et al. Thermal transport in suspended and supported monolayer graphene grown by chemical vapor deposition [J]. Nano Lett., 2010 (5): 1645–1651.

[44] S. Ghosh, W. Bao, D. L. Nika, et al. Dimensional crossover of thermal transport in few–layer graphene [J]. Nat. Mater., 2010 (7): 555–558.

[45] J. N. Hu, X. L. Ruan, Y. P. Chen. Thermal conductivity and thermal rectification in graphene nanoribbons: a molecular dynamics study [J]. Nano Lett., 2009 (7): 2730–2735.

[46] A. V. Savin, Y. S. Kivshar, B. Hu. Suppression of thermal conductivity in graphene nanoribbons with rough edges [J]. Phys. Rev. B, 2010 (19): 195422.

[47] S. Chien, Y. T. Yang, C. K. Chen. Influence of hydrogen functionalization on thermal conductivity of graphene: Nonequilibrium molecular dynamics simulations [J]. Appl. Phys. Lett., 2011 (3): 033107 (2011).

[48] N. Wei, L. Xu, H. Q. Wang, et al. Strain engineering of thermal conductivity in graphene sheets and nanoribbons: a demonstration of magic flexibility [J]. Nanotechnology, 2011 (10): 105705.

[49] D. Wei, Y. Song, F. Wang. A simple molecular mechanics potential for μm scale graphene simulations from the adaptive force matching method [J]. J. Chem. Phys., 2011 (18): 184704.

[50] Z. Y. Ong, E. Pop. Effect of substrate modes on thermal transport in

supported graphene [J]. Phys. Rev. B, 2011 (7): 075471.

[51] A. K. Geim,K. S. Novoselov. The rise of graphene [J]. Nat. Mater., 2007 (3): 183–191.

[52] Z. X. Guo, D. E. Zhang, X. G. Gong. Thermal conductivity of graphene nanoribbons [J]. Appl. Phys. Lett., 2009 (16): 163103.

[53] J. H. Chen, G. Jang, S. Xiao, et al. Intrinsic and extrinsic performance limits of graphene devices on SiO$_2$ [J]. Nat. Nanotechnol., 2008 (4): 206–209.

[54] A. H. Castro, F. Guinea, N. M. R. Peres, et al. The electronic properties of graphene [J]. Rev. Mod. Phys., 2009 (1): 109–162.

[55] X. Du, A. Barker, E. Y. Andrei. Approaching ballistic transport in suspended graphene [J]. Nat. Nanotechnol., 2008 (8): 491–495.

[56] D. Dragoman. Giant thermoelectric effect in graphene [J]. Appl. Phys. Lett., 2007 (20):203116.

[57] Y. Dubi and M. D. Ventra. Colloquium: heat flow and thermoelectricity in atomic and molecular junctions [J]. Rev. Mod. Phys., 2011 (1): 131–155.

[58] S. Iijima. Helical microtublules of graphitic carbon [J]. Nature 1991 (6348): 56–58.

[59] C. H. Olk,J. P. Heremans. Scanning tunneling spectroscopy of carbon nanotubes [J]. J. Mater., 1994 (2): 259–262.

[60] Z. Yao, J. S. Wang, B. Li, et al. Thermal conduction of carbon nanotubes using molecular dynamics [J]. Phys. Rev. B, 2005 (8): 085417.

[61] N. Minggo,D. A. Broido. Carbon nanotube ballistic thermal conductance and its limits [J]. Phys. Rev. Lett., 2005 (9): 096105.

[62] S. Berber, Y. K. Kwon, D. Tomanek. Unusunally high thermal

conductivity of carbon nanotubes [J]. Phys. Rev. Lett., 2000 (20): 4613–4616.

[63] C. H. Yu, L. Shi, Z. Yao, et al. Thermal conductance and thermopower of an individual single–wall carbon nanotube [J]. Nano Lett., 2005 (9): 1842–1846.

[64] M. Fujii, X. Zhang, H. Q. Xie, et al. Measuring the thermal conductivity of a single carbon nanotube [J]. Phys. Rev. Lett., 2005 (6): 065502.

[65] E. Pop, D. Mann, Q. Wang, et al. Thermal conductance of an individual single–wall carbon nanotube above room temperature [J]. Nano Lett., 2006 (1): 96–100.

[66] B. Li, L. Wang, G. Casati. Thermal diode: rectification of heat flux [J]. Phys. Rev. Lett., 2004 (18): 184301.

[67] M. Terraneo, M. Peyard, G. Casati. Controlling the energy flow in nonlinear lattices: a model for a thermal rectifier [J]. Phys. Rev. Lett., 2002 (9): 094302.

[68] G. Casati, C. Mejia–Monasterio, T. Prosen. Magnetically induce thermal rectification [J]. Phys. Rev. Lett., 2007 (10): 104302.

[69] D. Segal. Single mode heat rectifier: controlling energy flow between electronic conductors [J]. Phys. Rev. Lett., 2008 (10): 105901.

[70] B. Li, L. Wang, G. Casati. Negative differential thermal resistance and thermal transistor [J]. Appl. Phys. Lett., 2006 (14): 143501.

[71] L. Wang,B. Li. Thermal logic gates: computation with phonons [J]. Phys. Rev. Lett., 2007 (17): 177208.

第 2 章

第一性原理、最局域 Wannier
函数及分子动力学方法

固体能带理论[1]的巨大成功推动着凝聚态物理学科迅速向前发展。固体的许多基本物理性质,例如力学、热学、光学以及电学等性质基本都可以通过这一理论来阐明和解释。应用固体能带理论解决问题时,首要任务是确定固体中电子的能级,也就是我们平时所说的能带。一般而言,可以通过求解系统中每个粒子的定态薛定谔方程来确定体系的能级。但是固体中粒子数目的量级大约为 $10^{29}/m^3$,对于如此庞大的粒子系统,显然我们无法直接求解其定态的薛定谔方程。因此,我们必须对研究的体系进行简化处理:首先,通过绝热近似把电子和原子核的运动分离开来;然后通过密度泛函理论(DFT)将多电子的问题简化为单电子的问题;最后将固体看作是具有平移对称性的理想晶体。这样,问题就简化为单电子在周期性势场中的运动。下面介绍一下这些近似和简化的基本思路,并给出必要的推导过程。

2.1 第一性原理方法

相较于半经验 (Hartree-Fock) 方法, 第一性原理计算方法 (Ab Initio calculation)[2,3] 自身有其独特的优势。这种方法只需要知道构成这个体系的每个元素的原子序数, 而不需要任何通过经验拟合得到的参数, 然后基于量子力学中的薛定谔方程来求解体系的电子运动, 通过求解电子的定态薛定谔方程得到系统的波函数以及本征值, 继而得到系统的物理性质。下面我们具体介绍一下第一性原理的发展历程, 其中包括:(1)将多粒子系统通过绝热近似看作多电子系统;(2)通过密度泛函理论, 将多电子问题简化为单电子问题;(3)通过局域密度近似和广义梯度近似求解第(2)步中的交换关联项。

2.1.1 绝热近似

2.1.1.1 多粒子系统的薛定谔方程

首先,我们写出组成固定的多粒子系统的薛定谔方程:

$$H\Psi(r,R) = E\Psi(r,R) ，\tag{2.1.1}$$

H 和 E 分别表示系统的哈密顿量和能量本征值，$\Psi(r,R)$ 表示系统的波函数。r 和 R 分别表示所有电子坐标 r_i 和原子核坐标 R_i 的集合。如果不考虑其他外场的作用，系统的哈密顿量写为：

$$H = H_e + H_N + H_{e-N} 。\tag{2.1.2}$$

这里，H_e、H_N 和 H_{e-N} 分别表示电子、原子核以及电子与原子相互作用的哈密顿量。这三项具体的表达式如下：

$$H_e(r) = T_e(r) + V_e(r) = -\sum_i \frac{\hbar^2}{2m}\nabla_{r_i}^2 + \frac{1}{2}\sum_{i,i'}{}' \frac{e^2}{|r_i - r_{i'}|} ，\tag{2.1.3}$$

$$H_N(R) = T_N(R) + V_N(R) = -\sum_j \frac{\hbar^2}{2M_j}\nabla_{R_j}^2 + \frac{1}{2}\sum_{j,j'}{}' V_N(R_j - R_{j'}) ，\tag{2.1.4}$$

$$H_{e-N} = -\sum_{i,i} V_{e-N}(r_i - R_j) 。\tag{2.1.5}$$

式（2.1.3）至式（2.1.5）的这五项依次分别代表电子的动能项、电子与电子之间的库仑相互作用项、原子核的动能项、原子核与原子核的相互作用项以及电子与原子核的相互作用项。这里，r_i 表示第 i 个电子的位置坐标；e 和 m 分别表示电子的电荷和质量；R_j 表示第 j 个原子核的位置坐标；M_j 代表第 j 个原子核的质量。由于构成固体系统的原子数目的量级是 $10^{29}/m^3$，因此式（2.1.2）是无法求解的。此时我们需要通过合理而且有效的近似方法处理，将体系的哈密顿量进行简化。

2.1.1.2　电子运动与原子核运动的分离

通过观察式（2.1.3）至式（2.1.5），我们发现 H_e 中只出现电子的坐标；H_N 中只出现原子核的坐标，只有在 $H_{e\text{-}N}$ 中才同时出现电子与原子核的坐标。考虑到电子的质量相较于原子核的质量可以忽略不计，而原子核的速度相较于高速运动电子的速度可以近似地认为原子核只是在平衡位置附近振动。则电子的运动和原子核的运动可以分离开来。因此，我们所考虑的问题可以分开为两个部分：考虑电子运动时，原子核处于它们的瞬时位置；而考虑原子核的运动时，则不考虑电子在空间的具体分布。这就是波恩（M. Born）和奥本海默（J. E. Oppenheimer）提出的绝热近似，也称为波恩——奥本海默近似[4]。

2.1.2　密度泛函理论

经过上述的波恩——奥本海默近似，将多粒子体系的薛定谔方程简化为多电子体系的薛定谔方程。此时的薛定谔方程中存在电子与电子之间的相互作用项，在实际处理中是非常困难的。随后，人们提出了几种将式（2.1.2）进行合理近似的方法，其中非常重要的一种方法是哈里特——福克近似（HF），它的基本思路是：忽略电子与电子之间的相互作用，将多电子问题简化为单电子问题。由于其在描述原子以及分子体系取得了很大的成功，因此它已被收录在许多凝聚态物理教科书当中。但是由于其是半经验的方法，需要通过拟合参数才能得到好的结果。对于固体体系，这一近似方法得到的结果往往很不精确。因此，我们介绍一种更严格、更精确的方法——密度泛函理论（DFT）。

2.1.2.1　Hohenberg–Kohn 定理

密度泛函理论的历史可以追溯到 20 世纪 30 年代[5]，它的基本思想是用粒子数密度函数来描述原子、分子以及固体的基态物理性质。密度泛函理论的基础是建立在 P. Hohenberg 和 W. Kohn 提出的关于非均匀电子气理论上，具体可归结为以下两个定理[6]。

定理一：不计自旋的全同费米子系统的基态能量是粒子数密度函数 $n(r)$ 的唯一泛函。

它的核心是：粒子数密度函数 $n(r)$ 是一个决定系统基态物理性质的基本变量。

定理二：能量泛函 $E[n]$ 在粒子数不变的条件下对正确的粒子数密度函数 $n(r)$ 取极小值，并等于基态能量。

它的要点是：在粒子数不变条件下能量泛函对密度函数进行变分就得到系统基态的能量 $E_G[n]$。

这里所处理的基态是非简并的，不计自旋的全同费米子（这里主要指电子）系统的哈密顿量为：

$$H = T + U + V ,\qquad (2.1.6)$$

其中动能项 T 为

$$T = \int \mathrm{d}r \nabla \Psi^+(r) \cdot \nabla \Psi(r) ,\qquad (2.1.7)$$

库仑排斥项 U 为

$$U = \frac{1}{2} \int \mathrm{d}r \mathrm{d}r' \frac{1}{|r - r'|} \Psi^+(r) \Psi^+(r') \Psi(r) \Psi(r') ,\qquad (2.1.8)$$

V 为由对所有粒子的局域势 $v(r)$ 表示的外场的影响

$$V = \int dr v(r) \Psi^+(r) \Psi(r) , \qquad (2.1.9)$$

其中，$\Psi^+(r)$ 和 $\Psi(r)$ 分别是在 r 处产生和湮灭一个粒子的费米子场算符。对于考虑自旋以及基态为简并情况的 Hohenberg-Kohn 定理的推广请参见文献 [7]。

我们再定义一个未知的、与外场无关的泛函 $F(n)$，通过一系列的推导 [1]，可得到这一泛函的具体表达式：

$$F[n] = T[n] + \frac{1}{2} \iint dr dr' \frac{n(r)n(r')}{|r-r'|} + E_{xc}[n] 。 \qquad (2.1.10)$$

这里，第一项和第二项分别表示粒子的动能项和势能项，第三项是交换关联相互作用项。从上述的 Hohenberg-Kohn 定理可以看出，有三个悬而未决的问题：

（1）如何确定粒子数密度函数 $n(r)$。

（2）如何确定动能泛函 $T(n)$。

（3）如何确定交换关联能泛函 $E_{xc}(n)$。

对于第一和第二个问题，我们可以利用 W. Kohn 和 L. J. Sham 提出的方法来解决；第三个问题一般是通过局域密度近似（Local Density Approximation, LDA）进行求解。

2.1.2.2　Kohn-Sham 方程

1965 年，Kohn 和 Sham 提出了 Kohn-Sham 方程 [8]，他们将密度泛函理论发展为求解实际体系基态密度的方法。这里，我们从 Hartree-Fock 方程出发，经过一系列推导得到 Kohn-Sham 方程。假设体系的总能方程与 HF 方程对应的哈密顿量分别为 $H_e[n]$ 和

$H_{HF}[n]$：

$$H_e = T + V; \quad H_{HF} = T_0 + \underbrace{(V_H + V_x)}_{V}, \quad （2.1.11）$$

其中，T 和 V 分别是电子动能项与势能项；T_0 是不考虑电子气相互作用的动能函数；V_H 表示哈特利分布；V_x 是交换分布。将上式相减，交换分布函数则可写成

$$V_c = T - T_0 。 \quad （2.1.12）$$

很显然，哈特利方程则为

$$H_H = T_0 + V_H, \quad （2.1.13）$$

则有

$$V_x = V - V_H 。 \quad （2.1.14）$$

用如下的方法改写 Hohenberg–Kohn 方程：

$$\begin{aligned}
H_{HK} &= T + V + T_0 - T_0 \\
&= T_0 + V + \underbrace{(T - T_0)}_{V_c} \\
&= T_0 + V + V_c + V_H - V_H, \\
&= T_0 + V_H + V_c + \underbrace{(V - V_H)}_{V_c} \\
&= T_0 + V_H + \underbrace{(V_x + V_c)}_{V_{xc}}
\end{aligned} \quad （2.1.15）$$

其中，V_{xc} 为交换关联能。由于它包含不同的交换关联分布，我们不知道它的具体形式。假设我们知道 V_{xc}，则能量的函数就可以精确给出：

$$H_{V_{ext}}[n] = T_0[n] + V_H[n] + V_{xc}[n] + V_{ext}[n] \circ \qquad (2.1.16)$$

如果不对上式做一些特殊的变换,我们无法利用改进的 Hohenberg-Kohn 来求解基态电荷密度。因此,Kohn 和 Sham 用假想的多电子体系电荷密度分布来代替真实体系的电荷密度分布,将误差归入交换关联项,则有

$$\begin{aligned} H_{KS} &= T_0 + V_H + V_{xc} + V_{ert} \\ &= -\frac{\hbar^2}{2m}\nabla_i^2 + \frac{e^2}{4\pi\varepsilon_0}\int\frac{n(r')}{|r-r'|}dr' + V_{xc} + V_{ert} \end{aligned}, \qquad (2.1.17)$$

交换关联势能可以通过对方程求导得到:

$$V_{xc} = \frac{\delta V_{xc}[n]}{\delta n}, \qquad (2.1.18)$$

其中

$$n(r) = \sum_{i=1}^{N}|\phi_i(r)|^2 \circ \qquad (2.1.19)$$

那么单电子的波函数 φ_i 以及所对应的 Kohn–Sham 方程为

$$H_{KS}\phi_i = E_i\phi_i \circ \qquad (2.1.20)$$

由上可知,Kohn–Sham 方程的核心是用无相互作用的电子模型代替有相互作用电子哈密顿量中的相应项,再将有相互作用电子的复杂项归入交换关联相互作用泛函。相比 Hartree-Fock 近似,它的优势在于由于考虑了有相互作用电子的交换关联项,该方程的描述是严格的、精确的。

2.1.2.3　局域密度近似(LDA)和广义梯度近似(GGA)

为了能够解决式(2.1.17)中出现的交换关联项，Kohn 和 Sham 提出了局域密度近似(Local Density Approximation, LDA)[8]。该假设的基本思想是：将密度均匀电子气的交换关联项看作相应非均匀电子系统的近似，其形式为：

$$E_{xc}^{LDA} = \int n(r)\varepsilon_{xc}(n(r))\mathrm{d}r \text{。}$$

（ 2.1.21 ）

它的合理性在于空间中一点的交换关联能是由该点的电荷密度决定的，而该点的电荷密度可以通过将材料划分为无限小得到。然后对总的交换关联能有贡献的每个小体积的电荷密度求和就可以得到特定体积内密度均匀的电子气的交换关联能。图 2.1 给出了 LDA 方法的示意图。

尽管 LDA 方法可以很好地处理一些体系，但是对特定的体系得到的结果往往是不准确的。这是由于 LDA 方法只考虑了无限小体积内的电荷密度，而没有考虑相邻体积内的电荷密度。换句话说，就是电荷密度的梯度起着一定作用。这就是随后发展的广义梯度近似 (Generalized Gradient Approximation, GGA)[9-12]。

随着计算机的高速发展，密度泛函理论已经被广泛应用于材料计算当中，并且形成了一门单独的学科——计算物理学 [13]。基于原子势与基函数的选取，目前发展出了很多成熟的高性能的第一性原理软件包，例如，VASP[14,15]、WIEN2k[16]、Quantum Espresso[17]。该工作中我们所研究体系的电子结构、磁学性质等都是在 VASP 软件包计算得到的。

下面我们具体介绍一下在计算过程中通过自洽方式来求解 Kohn–Sham 方程的流程，如图 2.2 所示。首先，我们将系统的单胞通过撒点的方法,分为非常密的网格点,然后在每个网格点赋值一组初始化的电荷密度或者是试探波函数,计算得到每个网格点上的Kohn–Sham 势,求解本征方程。通过 Kohn–Sham 方程解出来的本征函数一般与初始的波函数会有差别,此后将上一步得到的本征函数通过特定的比例叠加到初始值上,重新计算 Kohn–Sham 势,求解本征方程。重复上述流程多次,直到最后的结果符合最初所设置的收敛标准,则输出计算结果。

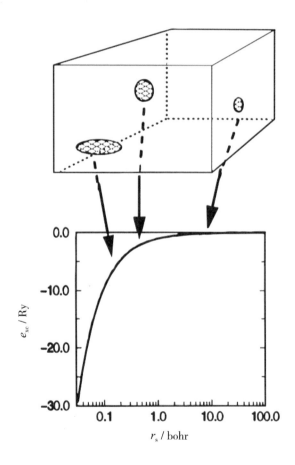

图 2.1　LDA 方法的示意图(横轴代表无限小体积内均匀密度电子气的位置,纵轴代表密度均匀电子气的交换关联能)

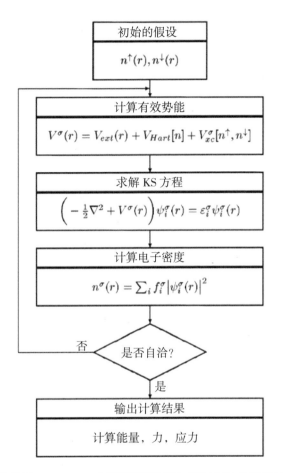

图 2.2　自洽求解 Kohn–Sham 方程流程图（首先，通过初始的假设（Initial Gesss）来计算有效势能（Calculate Effective Potential）；其次，求解 KS 方程（Solve KS Equation）计算电子的密度（Calculate Electron Density）来判断其是否自洽（Self-consistent）：若自洽则输出计算结果来计算能量，力，应力等物理量；若不自洽，返回第一步重新给出新的假设）

2.2 最局域 Wannier 函数方法

最局域 Wannier 函数是利用 Marzari 和 Vanderbilt 发展起来的方法，通过在 Wannier90 程序中计算得到[18]。为了解决 Wannier 函数任意性的问题，Souza，Marzari 和 Vanderbilt 提出了一套构造最局域 Wannier 函数的方法[19]。这里，我们简要地介绍一下最局域 Wannier 函数方法及一些关键的定义，对于具体的细节可以参考文献 [20]。通常我们计算周期性材料的电子结构是利用基于 Bloch 函数 $\psi_{nk}(r)$ 基矢下的第一性原理方法，其中 n 是能带指标，k 为波矢。经过特殊变换，我们可以将 Bloch 函数表象转化为 Wannier 函数表象。Wannier 函数 $w_{nk}(r)$ 与 Bloch 函数 $\psi_{nk}(r)$ 的转化关系为：

$$w_{nR}(r) = \frac{V}{(2\pi)^3} \int_{BZ} \left[\sum_m U_{mn}^{(k)} \psi_{mk}(r) \right] e^{-ik \cdot R} dk, \qquad (2.2.1)$$

其中 V 是原胞的体积，积分是对整个布里渊区（BZ）积分，$U^{(k)}$ 是包含在每个 k 点的 Bloch 函数的单位矩阵。$U^{(k)}$ 取值并不是唯一的，我们定义 Wannier 函数的扩展性函数：

$$\Omega = \sum_n \left[\langle w_{n0}(r) | r^2 | w_{n0}(r) \rangle - \left| \langle w_{n0}(r) | r | w_{n0}(r) \rangle \right|^2 \right], \qquad (2.2.2)$$

总的扩展性函数 Ω 可以写成如下形式：

$$\Omega = \Omega_I + \tilde{\Omega} = \Omega_I + \Omega_D + \Omega_{OD} ，\qquad （2.2.3）$$

其中

$$\Omega_I = \sum_n \left[\langle w_{n0}(r) | r^2 | w_{n0}(r) \rangle - \sum_{Rm} \left| \langle w_{nR}(r) | r | w_{n0}(r) \rangle \right|^2 \right]，\quad （2.2.4）$$

$$\Omega_D = \sum_n \sum_{R \neq 0} \left| \langle w_{nR}(r) | r | w_{n0}(r) \rangle \right|^2 ，\qquad （2.2.5）$$

$$\Omega_{OD} = \sum_{m \neq n} \sum_{R} \left| \langle w_{mR}(r) | r | w_{n0}(r) \rangle \right|^2 。\qquad （2.2.6）$$

这里 Ω_I 与波函数的具体规范无关，Ω_D 和 Ω_{OD} 分别是对角与非对角项。

在实际计算中，Wannier90 程序需要进行两次积分：

（1）叠加原胞周期性的 Bloch 波函数 $|u_{nk}\rangle$

$$M_{mn}^{(k,b)} = \langle u_{mk} | u_{nk+b} \rangle ，\qquad （2.2.7）$$

其中 b 为波矢；

（2）将开始假设的 Bloch 波函数 $|\psi_{nk}\rangle$ 添加到试探性的局域轨道函数 $|g_n\rangle$

$$A_{mn}^{(k,b)} = \langle \psi_{mk} | g_n \rangle ，\qquad （2.2.8）$$

注意，上式中的 $M^{(k,b)}$，$A^{(K)}$ 和 $U^{(k)}$ 都是很小的。通过上述这种方法可以获得孤立能带的最局域 Wannier 函数，例如绝缘体中的价带。如果想得到纠缠能带的最局域 Wannier 函数，我们需要利用文献 [19] 中提到的方法。

下面具体介绍一下 Wannier90 的优化过程。假设 N_k 是利用第一性原理计算出来的能带数目，用 $F(k)$ 表示在希尔伯特空间中相应的能带波函数。N 是 Wannier 能带数目，用 $S(k)$ 表示在希尔伯特空间中相应的 Wannier 能带波函数。由于我们是用 Wannier90 来拟合第一性原理计算出来的能带,因此能带数目必须满足 $N_k > N$,则有 $S(k) \subseteq F(k)$。我们要找到一个子空间 $S(k)$,使得找出的这 N 条能带在全局最光滑。这里我们利用的是拉格朗日求条件极值的办法求出 Ω_I 的极小值,从 N_k 个纠缠的能带中找到 N 个最平滑的能带。然后对 $\tilde{\Omega}$ 进行优化则得到一组幺正旋转矩阵 $U(k)$,使得:

$$u_{nk}^W = \sum_{m=1}^{N_k} U_{mn}(k) u_{mk} , \qquad (2.2.9)$$

最后对 u_{nk}^W 做傅里叶变换就得到最局域 Wannier 函数。

通过旋转 Bloch 函数,写出对应于 Bloch 表象下对角的哈密顿量 $H_{mn}(k) = \delta_{mn} E_m(k)$,进行相应的变化:

$$H^W = U^+(k) H(k) U(k) , \qquad (2.2.10)$$

然后做傅里叶变换,就可以得到最局域 Wannier 函数基下的哈密顿量:

$$H_{mn}^W(R) = \frac{1}{N_{kp}} \sum_k e^{-ik \cdot R} H_{mn}^W(k) = \langle m_0 | \hat{H} | n_R \rangle , \qquad (2.2.11)$$

最后,我们可以通过反傅里叶变换得到任意 k 点的哈密顿量:

$$H_{mn}^W(k) = \sum_R e^{ik \cdot R} H_{mn}^W(R) 。 \qquad (2.2.12)$$

将上式对角化,可以得到任意 k 点的能量本征值。

通过第 1 章 1.1.3 小节,我们知道反常霍尔效应是基于贝里相位的内禀机制。在实验中一般是在不加外磁场的情况下,测量体系的霍尔电导来表征体系是否有反常霍尔效应。而在理论计算中,霍尔电导往往与体系的贝里曲率密切相关。通过贝里曲率在第一布里渊区的积分即可得到霍尔电导。量子反常霍尔效应是反常霍尔效应的量子化版本,测量得到的霍尔电导是 $\dfrac{e^2}{h}$ 的整数倍。下面介绍一下理论中计算贝里曲率以及霍尔电导的过程:首先,通过 VASP 结构优化得到体系基态的电荷密度;其次,基于 Wannier90 程序计算得到最局域 Wannier 函数;然后,经过 Wannier 插值的方法得到体系的能带、贝里曲率以及自旋贝里曲率;最后,得到拓扑表征数——陈数。下面给出具体计算中贝里曲率、陈数以及霍尔电导的公式推导。

　　由上可知,霍尔电导是通过贝里曲率在第一布里渊区的积分得到的,即

$$\sigma_{xy} = -\frac{e^2}{\hbar} \sum_n \int_{BZ} \frac{\mathrm{d}k}{(2\pi)^3} f_n(k) \Omega_{n,z}(k) \,, \qquad (2.2.13)$$

其中,$f_n(k)$ 是费米狄拉克分布函数,贝里曲率 $\Omega_n(k)$ 定义为:

$$\Omega_n(k) = \nabla \times A_n(k) \,。 \qquad (2.2.14)$$

这里 $A_n(k)$ 为贝里联络,其定义为:

$$A_n(k) = i \langle u_{nk} | \nabla_k | u_{nk} \rangle \,。 \qquad (2.2.15)$$

　　为了计算方便,将贝里曲率写成二阶反对称张量的形式:

$$\Omega_{n,\gamma}(k) = \varepsilon_{n,\alpha\beta}(k) \,, \qquad (2.2.16)$$

$$\Omega_{n,\alpha\beta}(k) = -2 \mathrm{Im} \left\langle \frac{\partial u_{nk}}{\partial k_\alpha} \bigg| \frac{\partial u_{nk}}{\partial k_\beta} \right\rangle \,, \qquad (2.2.17)$$

这里希腊字母 α 和 β 指的是笛卡儿坐标系,$\varepsilon_{\alpha\beta\gamma}$ 是 Levi-Civita 张量,$u_n\mathrm{k}$ 是布洛赫函数的周期部分。

　　将(2.2.14)式至(2.2.17)式代入(2.2.13)式,则有:

$$\sigma_{xy} = -\frac{e^2}{\hbar} \int_{BZ} \frac{dk}{(2\pi)^3} \Omega_{\alpha\beta}(k), \qquad (2.2.18)$$

式中的 $\Omega_{\alpha\beta}(k)$ 为总的贝里曲率，即

$$\Omega_{\alpha\beta}(k) = \sum_n f_n(k)\Omega_{n,\alpha\beta}(k)。 \qquad (2.2.19)$$

由于（2.2.17）式中含有布洛赫态对 k 的导数，在直接数值求解时会有困难。若将速度算符引入（2.2.17）式中，则：

$$\Omega_{n,\alpha\beta}(k) = -2\,\mathrm{Im} \sum_{m \notin n} \frac{\upsilon_{mn,\alpha}(k)\upsilon_{mn,\beta}(k)}{\left[w_m(k) - w_n(k)\right]^2}。 \qquad (2.2.20)$$

这里 $w_n(k) = \varepsilon_{nk}/\hbar$，笛卡儿坐标下的速度算符 $\hat{\upsilon}_\alpha(k) = (i/h)[\hat{H}, \hat{r}_\alpha]$ 表示为：

$$\upsilon_{nm,\alpha}(k) = \langle \psi_{nk} | \hat{\upsilon}_\varepsilon | \psi_{mk} \rangle = \frac{1}{\hbar} \langle u_{nk} | \frac{\partial \hat{H}(k)}{\partial k_\alpha} | u_{mk} \rangle, \qquad (2.2.21)$$

其中 $\hat{H}(k) = e^{-ik \cdot \hat{r}} H e^{ik \cdot r}$。（2.2.20）式的优势在于计算时只需要知道 k 点网格中每个 k 点处的波函数信息。然后，根据 Kubo 公式[21]，（2.2.19）式和（2.2.20）式可以写成

$$\Omega(k) = \sum_n f_n(k)\Omega_n(k), \qquad (2.2.22)$$

$$\Omega_n(k) = -2\,\mathrm{Im} \sum_{m \notin n} \frac{\hbar^2 \langle \psi_{nk} | v_x | \psi_{mk} \rangle \langle \psi_{mk} | v_y | \psi_{nk} \rangle}{(E_m - E_n)^2}, \qquad (2.2.23)$$

上式中，$E_{m(n)}$ 是布洛赫函数的本征值，$v_{x(y)}$ 是速度算符。

对于量子反常霍尔效应体系，测量得到的霍尔电导为 $\frac{e^2}{h}$ 的整数倍，一般用陈数来表征它。陈数和相应的霍尔电导通过对贝里曲率在第一布里渊区积分得到：

$$C = \frac{1}{2\pi} \sum_n \int_{BZ} \mathrm{d}^2 k \, \Omega_n \, , \qquad (2.2.24)$$

$$\sigma_{xy} = \frac{e^2}{h} C \, 。 \qquad (2.2.25)$$

2010 年方忠课题组预言在拓扑绝缘体材料 Bi_2Se_3 类的薄膜体系中掺杂磁性元素来实现量子反常霍尔效应[22]。其表征手段就是利用上述方法计算得到陈数以及霍尔电导的,详见文献 [22] 附录部分。随后,三个课题组在该体系中,在不同的温度下观测到了量子化的霍尔电导[23-25],证实了理论预测的正确性。

2.3　分子动力学方法

2.3.1　分子动力学基本概念和原理

一般对于多粒子的体系而言,往往通过实验中观测到的物理量取平均值得到想要的物理量。但是由于实际的体系太大,其中的物理量平均值是很难得到的。纵然我们可能想办法得到这些数值,往往也需要大量的时间和精力去处理它们。如何快速并且精确地得到这些数值呢? 目前,经典的分子动力学已经被广泛应用到多粒子的体系。该方法是通过建立系统中每个粒子的运动方程,然后对这些方程进行简化,从而求得想要的物理量。一般说来,该方法适用于任何的微观系统。通常是将系统内的 N 个粒子包含在一个长方形的盒子里面。粒子与粒子之间是考虑相互作用的。假定粒子间的相对位置矢量为 r，则第 i 个粒子所受到的力为：

$$F_i = \sum_{i>j} F\left(\left|r_i - r_j\right|\right) \cdot r_{ij} , \qquad (2.3.1)$$

r_i 为第 i 个粒子的位置；r_{ij} 为单位方向矢量。当不考虑外界作用时，由牛顿第二定律可知，第 i 个粒子的运动方程为：

$$m_i \cdot a_i = F_i , \qquad (2.3.2)$$

m_i 是第 i 个粒子的质量；a_i 是第 i 个粒子的加速度。

一般分子动力学模拟由下面几个部分组成[26]：

（1）模型的设定，选取能够很好描述模拟体系的势能函数。

（2）给定初始条件，即给定粒子初始时刻位置以及速度。

（3）根据牛顿第二定律，求解粒子当前和下一时刻的位置以及速度。

然后重复步骤（2）～（3）直到体系达到平衡状态。在模拟过程中，我们需要记录比较重要的物理量，例如每个粒子的动能、体系的温度及流过体系横截面的热流等。

模拟计算材料热学性质的分子动力学方法分为以下两类：平衡态分子动力学 (EMD)[27-30] 和非平衡态分子动力学 (NEMD)[31-34]。通常情况下，在平衡态下分子动力学模拟的系综包含正则系综 (NVE)、等压系综 (NPT) 和等容等温系综 (NVT) 等。而在实际模拟过程中，一般是将分子动力学方法用于非平衡态的模拟。由于我们模拟的材料基本都处于非平衡状态，因此 NEMD 模拟得到的结果更接近于真实测量得到的结果。下面我们主要讨论 NEMD 模拟方法。

2.3.2　非平衡态分子动力学模拟

实验中测量材料热导率的方法是：首先在样品上人为施加热流，使得样品中产生温度梯度，继而测量样品的热导率。样品中的热流、温度梯度以及热导率的关系可由傅里叶定律给出：

$$J_z = \sum k_z \cdot \partial T / \partial z ,\qquad (2.3.3)$$

其中，J_z 表示沿样品 z 方向的热流，k_z 表示 z 方向的热导率，$\partial T / \partial z$ 表示温度梯度。而 NEMD 模拟计算热导率的步骤是：首先在模拟体系中施加热流，然后通过产生的温度梯度统计热流，最后由式（2.3.3）计算得到热导率。由于 NEMD 模拟计算热导率的步骤与真实实验的做法几乎相同，因此该方法也被称为直接法。

一般情况下，NEMD 方法的模型可以分为 Homogenous NEMD 模型（MP）[35,36] 和 Inhomogenous NEMD 模型（IH）[37,38]。下面我们具体介绍一下这两种模型的模拟步骤。

MP 模型模拟步骤，如图 2.3 所示。

（1）选取模拟体系，并定义体系的周期性方向（z 方向）。

（2）将体系沿着周期性方向（z 方向）划分为 N 层，其中 N 为偶数。

（3）选第 1 层和第 N 层为冷浴，选第 $N/2+1$ 层为热浴。

（4）每隔一段时间，交换冷浴中速度最大的原子与热浴中速度最小的原子的速度。经过一段时间后，就会有热流从热浴流向冷浴。经过足够长的时间后，则会在体系中建立起稳定的温度差。

此时，体系的热导率计算公式为：

$$k = -\frac{Q}{2t \cdot S \cdot (\partial T / \partial Z)} 。\qquad (2.3.4)$$

这里，Q 为流过体系横截面的总能，t 表示模拟时间，S 表示体系横截面积，$\partial T / \partial Z$ 表示沿着 z 方向的温度梯度，这里的因子 2 是由于考虑了周期性边界条件。

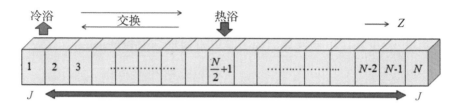

图 2.3 NEMD 方法的 MP 模型

IH 模拟与 MP 模拟有着很大的区别，图 2.4 为模拟的示意图。该模拟的步骤是：

（1）选取模拟体系，这里不再选取周期性边界方向，而是固定边界条件；

（2）选取固定层，一般是将体系最外的一层或者几层原子当作固定层，该做法是为了使体系原子在模拟过程中不产生剧烈的振动；

（3）选取热浴和冷浴原子层，一般是将靠近固定层的一层或者几层原子当作热浴（冷浴）；

（4）施加温度梯度，将热浴的原子温度设置为 $T + \Delta / 2$，而冷浴的原子温度设置为 $T - \Delta / 2$；

（5）最后利用（2.3.3）式可以求出体系的热导率。

另外，还有一种 Fix-heat 模型[39]，它是通过调节速度来产生温度梯度的模型，同时适用于周期性边界条件和非周期性边界条件。它的模拟步骤是：先在两端划分冷区和热区，随后分别向热区（冷区）添加（去除）定量的能量，最后使得整个体系处于平衡。该模拟过程中增加（去除）的能量、热流以及热导率 k 分别由下式给出：

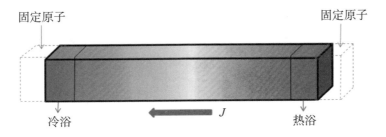

固定原子　　　　　　　　　　　　　　　固定原子

冷浴　　　　　　　　　　　J　　　　　热浴

图 2.4　NEMD 方法的 IH 模型

$$\Delta E = \frac{1}{2}\sum_{i=1}^{N} m_i \left(v_{i,new}^2 - v_{i,old}^2 \right) , \qquad (2.3.5)$$

$$J = \frac{1}{A}\frac{\sum_{j=1}^{n}\Delta E(j)}{t} , \qquad (2.3.6)$$

$$k = \frac{2\Delta E}{At\left|\nabla T\right|} , \qquad (2.3.7)$$

本书就是利用该方法计算得到材料的热导率。

参考文献

[1] 谢希德,陆栋.固体能带理论 [M].上海:复旦大学出版社,2007.

[2] Martin, M. Richard. Electronic Structure, Basic Theory and Practical Methods [M]. Cambridge University Press, Cambridge, 2004.

[3] 李正中.固体理论 [M].北京:高等教育出版社,2002.

[4] M. Born, K. Huang. Theory of Crystal Lattices [M]. Oxford University Press, 1954.

[5] E. Fermi. Eine statistische Methode zur Bestimmung einiger Eigenschaften des Atoms und ihre Anwendung auf die Theorie des periodischen Systems der Elemente [J]. Zeitschrift für Physik, 1928 (1–2): 73–79.

[6] P. Hohenberg, W. Kohn. Inhomogeneous electron gas [J]. Phys. Rev., 1964 (3B): B864–B871.

[7] J. Callaway, N. H. March. Density functional methods: theory and applications [J]. Solid State Phys., 1984, 135–221.

[8] W. Kohn, L. J. Sham. Self–consistent equations including exchange and correlation effects [J]. Phys. Rev., 1965 (4A): A1133–A1138.

[9] A. D. Becke. Density–functional exchange–energy approximation with correct asymptotic behavior [J]. Phys. Rev. A, 1988 (6): 3098–3100.

[10] J. P. Perdew, J. Chevary, S. Vosko, et al. Atoms, molecules, solids, and surfaces: Applications of the generalized gradient approximation for exchange and correlation [J]. Phys. Rev. B, 1992 (11): 6671–6687.

[11] J. P. Perdew, J. Chevary, S. Vosko, et al. Erratum: Atoms, molecules, solids, and surfaces: Applications of the generalized gradient approximation for exchange and correlation [J]. Phys. Rev. B, 1993 (7): 4978.

[12] J. P. Perdew, K. Burke, M. Ernzerhof. Generalized gradient approximation made simple [J]. Phys. Rev. Lett., 1996 (18): 3865–3868.

[13] 马文淦. 计算物理学 [M]. 北京: 科学出版社, 2006.

[14] G. Kresse, J. Hafner. Ab initio molecular dynamics for open–shell transition matals [J]. Phys. Rev. B, 1993 (17): 13115–13118.

[15] G. Kresse, J. Furthmuller. Efficiency of ab–initio total energy calculations for metals and semiconductors using a plane–wave basia set [J]. Comp. Mater. Sci., 1996 (1): 15–50.

[16] P. Blaha, K. Schwarz, G. K. H. Madsen, D. Kvasnicka, and J. Luitz. Wien2k. An augmented plane wave plus local orbitals program for calculating crystal properties. 2001, 60.

[17] P. Giannozzi, et al. Quantum espresso: a modular and open–source software project for quantum simulations of materials [J]. J. Phys.: Condens. Matter., 2009 (39): 395502.

[18] N. Marzari, D. Vanderbilt. Maximally localized generalized Wannier functions for composite energy bands [J]. Phys. Rev. B, 1997 (20): 12847–12865.

[19] I. Souza, N. Marzari, D. Vanderbilt. Maximally localized Wannier functions for entangled energy bands [J]. Phys. Rev. B, 2001 (3): 035109.

[20] A. A. Mostofi, J. R. Yates, Y. S. Lee, et al. Wannier90 : A tool for obtaining maximally–localised Wannier functions [J]. Comput. Phys.

Commun., 2008 (9): 685–699.

[21] Y. G. Yao, L. Kleinman, A. H. MacDonald, et al. First principles calculation of anomalous Hall conductivity in ferromagnetic bbc Fe [J]. Phys. Rev. Lett., 2004 (3): 037204.

[22] R. Yu, W. Zhang, H. J. Zhang, et al. Quantized anomalous Hall effect in magnetic topological insulators [J]. Science, 2010 (5987): 61–64.

[23] C. Z. Chang, J. Zhang, X. Feng, et al. Experimental observation of the quantum anomalous Hall effect in a magnetic topological insulator [J]. Science, 2013 (6129): 167–170.

[24] J. G. Checkelsky, R. Yoshimi, A. Tsukazaki, et al. Trajectory of the anomalous Hall effect towards the quantized state in a ferromagnetic topological insulator [J]. Nat. Phys., 2014 (10): 731–736.

[25] X. F. Kou, S. T. Guo, Y. B. Fan, et al. Scale–invariant quantum anomalous Hall effect in magnetic topological insulators beyond the two–dimensional limit [J]. Phys. Rev. Lett., 2014 (13): 137201.

[26] 张会生. 低维纳米材料热输运性质的分子动力学研究 [D]. 湘潭: 湘潭大学硕士论文, 2013.

[27] S. G. Volz, G. Chen. Molecular–dynamics simulation of thermal conductivity of silicon crystals [J]. Phys. Rev. B, 2000 (4): 2651–2656.

[28] A. J. C. Ladd, B. Moran, W. G. Hoover. Lattive thermal conductivity: A comparison of molecular dynamics and anharmonic lattice dynamics [J]. Phys. Rev. B, 1986 (8): 5058–5064.

[29] J. Che, T. Cagin, W. A. Goddard III. Thermal conductivity of carbon nanotubes [J]. Nanotech., 2000 (2): 65–69.

[30] H. Zhang, G. Lee, K. Cho. Thermal transport in graphene and effect of vacancy defects [J]. Phys. Rev. B, 2011 (11): 115460.

[31] R. H. H. Poetzsch, H. Botter. Interplay of disorder and anharmonicity in heat conduction: Molecular–dynamics study [J]. Phys. Rev. B, 1994 (21): 15757–15763.

[32] A. Baranyai. Heat flow studies for large temperature gradients by molecular dynamics simulation [J]. Phys. Rev. E, 1996 (6): 6911–6917.

[33] P. Jund, R. Jullien. Molecular–dynamics calculation of the thermal conductivity of vitreous silica [J]. Phys. Rev. B, 1999 (21): 13707–13711.

[34] P. K. Schelling , S. R. Phillpot. Mechanism of thermal transport in zirconia and yttria–stabilized zirconia by molecular–dynamics simulation [J]. J. Am. Ceram. Soc., 2001 (12): 2997–3007.

[35] F. Muller–Plathe. A simple nonequilibrium molecular dynamics method for calculating the thermal conductivity [J]. J. Chem. Phys., 1997 (14): 6082–6085.

[36] F. Muller–Plathe. Reversing the perturbation in nonequilibrium molecular dynamics: An easy way to calculate the shear viscosity of fluids [J]. Phys. Rev. E, 1999 (5): 4894–4898.

[37] X. L. Feng, Z. X. Li, Z. Y. Guo. Molecular dynamics simulation of thermal conductivity of nanoscale thin silicon films [J]. Microscale Therml. Eng., 2003 (2): 153–161.

[38] S. C. Wang, X. G. Liang. Thermal conductivity of silicon nanowire by nonequilibrium molecular dynamics simulations [J]. J. Appl. Phys., 2009 (1): 014316.

[39] V. Samvedi, V. Tomar. Role of heat flow direction, monolayer film thickness, and periodicity in controlling thermal conductivity of a Si–Ge superlattice system [J]. J. Appl. Phys., 2009 (1): 013541.

第 3 章

哑铃状锡烯中的量子反常霍尔效应

3.1 研究背景与动机

拓扑绝缘体是指体电子态具有能隙,而其表面是无能隙的导电金属态的一类新颖材料[1,2]。由于其特有的能带特征,在凝聚态物理以及材料科学领域[3,4]受到广泛的关注。基于拓扑绝缘体,科研工作者预言了许多有趣的现象:例如,巨大的磁电效应[5]、Majorana 费米子[6]、量子自旋霍尔效应(QSHE)[7]和量子反常霍尔效应(QAHE)[8]。这意味着拓扑绝缘体在电子学和量子计算方面有很大的应用前景。在二维拓扑绝缘体中,量子自旋霍尔效应体系运载的是自旋流,而量子反常霍尔效应体系运载的是电荷流。因此,量子反常霍尔效应在微电子应用方面具有独特的优势。此外,目前先进的微电子技术为实现量子反常霍尔效应提供了技术支持。因此,本章中我们主要研究在二维材料中实现量子反常霍尔效应。

尽管人们提出了很多理论模型来实现量子反常霍尔效应[9-12]，但是实验中仅仅在拓扑绝缘体 $(Bi,Sb)_2Te_3$ 中掺杂 Cr 或者 V 元素实现了量子反常霍尔效应[13-15]。并且在实验中观测这个效应所需要的温度非常低(几十毫开尔文)[13-15]，不利于应用到现实中。因此，找到能够实现量子反常霍尔效应并且在实验中容易观测的体系是目前最重要的任务。在寻找能够实现量子反常霍尔效应的这些体系中，第ⅣA 二维结构的蜂窝状六角晶格，例如，石墨烯[16]、硅烯[17]、锗烯[18]以及锡烯[18]是我们最主要的目标。

石墨烯[19]一度被人们认为是实现量子反常霍尔效应很好的材料。但是很明显石墨烯有非常致命的缺点：由于碳原子非常弱的自旋轨道耦合作用使得打开的非平庸的带隙非常小[20]。图 3.1 给出了在 4×4 石墨烯单胞中掺杂磁性的 Sc（a）和 Mn（b）原子得到的能带(黑线)以及贝里曲率图(红线)。从图中可以看出来当考虑自旋轨道耦合作用后，体系打开的非平庸的带隙非常小(在毫电子伏特量级)。而对于硅烯、锗烯以及锡烯而言，这些结构只有在合适的衬底上才稳定存在[21-23]。特别是对锡烯而言，由于其很长的键长以及很弱的 π — π 键使得起伏状的构型很不稳定[24]。一般情况下，这些蜂窝状的晶格体系的非平庸带隙是在 K 和 K′ 点打开的。由于这些体系 P_z 轨道很容易与衬底相互作用成键，这使得小带隙体系的能带结构很容易被衬底破坏。此外，在同一个能量窗口中同时使得 K 和 K′ 点打开全局的带隙也是比较难的。由上可知，我们在寻找材料时应尽量选取自旋轨道耦合相互作用强并且打开带隙的高对称点不在 K 点的体系。

在该工作中，基于密度泛函理论我们研究了比六角晶格的锡烯更稳定的哑铃状结构锡烯的电子结构以及拓扑性质[24]。如图 3.2 所示，在哑铃状结构锡烯中，面外的锡原子与面内的锡原子可以形

成类似于 sp^3 杂化的结构,这使得此结构非常稳定。最近,类似的哑铃状结构的硅烯已经得到了很好的研究[25]。当在哑铃状结构锡烯表面吸附特定的磁性原子,我们预言量子反常霍尔效应可以在此体系中实现。特别的,在此体系中打开的非平庸带隙是在 Γ 点处,而非在 K 和 K′ 点处。通过计算得到的陈数为 −1,表明在体系边界处会出现无耗散的电荷流。这意味着我们可以在磁性吸附的哑铃状结构锡烯中实现量子反常霍尔效应。

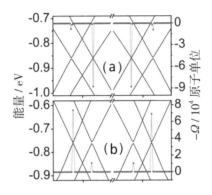

图 3.1　在 4×4 石墨烯单胞中掺杂磁性的 Sc(a)和 Mn(b)原子得到的能带随能量(Energy)的变化关系(黑线)以及贝里曲率图(红线)(图片取自文献 [16])

3.2　计算方法和模型

本工作中,磁性吸附的哑铃状结构锡烯的电子结构是基于密度泛函理论的第一性原理计算完成的[26],使用的是 VASP 软件包。价电子与离子实之间的相互作用是利用投影缀加波(PAW)[27]来描述的。交换关联采用的是广义梯度近似（PBE-GGA）[28]，平面波的截断能设置为 400 eV。为了防止两层之间有相互作用，真空层设置为 15 Å。电子步的收敛标准设置为 10^{-5} eV。体系结构优化采用的是共轭梯度法。在进行离子弛豫时，所有原子的位置都允许移动，直到每个原子之间所受到的 Hellmann-Feynman 力小于 0.01 V/ Å。在计算中，一个铬原子吸附在 2×2 的哑铃状结构的锡烯表面，如图 3.2(a)所示。我们主要考虑了三种比较典型的吸附构型：H_1（空位），铬原子分别被面内的四个锡原子和面外的两个锡原子包围着；H_2（空位），铬原子被面内的六个锡原子包围着；以及 T（顶位），铬原子位于一个面外锡原子的正上方。1×1 单胞的晶格常数是 $a = b = 9.05$ Å，如图 3.2（a）红色虚线所示。这里，两个哑铃单元是相互平行的，其余的锡原子在同一平面内。对于一个磁性原子吸附在 2×2 的哑铃状结构的锡烯表面的模型，我们选取的倒空间第一布里渊区 K 点积分密度为 5×5×1，采用的是中心 Monkhorst-Pack 撒点方法。

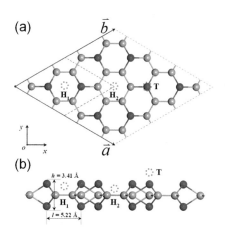

图3.2　哑铃状结构锡烯的俯视图（a）和侧视图（b）。图中灰色和蓝色的原子分别表示面内和面外的锡原子。绿色虚线圆圈表示铬原子的三种吸附位置（H_1，H_2 和 T）。黑色实线和红色的虚线分别表示 2×2 和 1×1 的单胞。图（b）中的 h 和 l 分别表示哑铃的高度和相邻哑铃的距离。

3.3 计算结果与讨论

3.3.1 电子结构

表 3.1 给出了铬原子吸附在哑铃状结构锡烯表面的三种构型的电子性质。三种构型稳定的吸附位置是通过比较它们的吸附能所得到的。吸附能的定义为 $\Delta E = E_{DB} + E_{Cr} - E_{DB+Cr}$，其中 E_{DB}，E_{Cr} 和 E_{DB+Cr} 分别表示哑铃状结构锡烯的能量、单个铬原子的能量和铬原子吸附哑铃状结构锡烯的总能。如表 3.1 所示，在所有的三种构型中，构型 H_1 具有最低的总能（−151.0 eV）和最大的吸附能（2.6 eV）。这意味着构型 H_1 中铬原子与周围的六个锡原子有很强的相互作用。从表 3.1 中，我们也可以看出从构型 H_1 到 T，体系的磁矩从 4.1 μ_B 增加到 5.8 μ_B。这是由于构型 T 中，铬原子与锡烯的相互作用很弱，从而使得很少的电子从铬原子转移到锡烯中。在我们的计算中，也考虑了其他的构型。结果发现，这些构型不能稳定存在，最终都变成前面讨论的三种构型中的一种。因此，在下文中，如果没有特别声明，我们只考虑铬原子吸附在 2×2 哑铃状结构的锡烯表面，即 H_1 构型。

表 3.1 铬原子吸附在哑铃状结构锡烯表面的三种不同构型的电子性质（这里 E_{DB+Cr}, ΔE 和 M 分别表示铬原子吸附哑铃状结构锡烯的总能、吸附能和体系的总磁矩）

Site	E_{DB+Cr} (eV)	ΔE (eV)	M (μ_B)
H_1	−151.0	2.6	4.1
H_2	−150.4	2.0	5.0
T	−149.1	0.7	5.8

为了更深入地理解铬原子吸附在锡烯上的磁性机制，我们给出了铬原子和面外锡原子的分态密度，如图 3.3 所示。对比磁性原子吸附在硅烯上[17]，这个体系中由于哑铃结构的出现使得体系的对称性从 C_{3v} 退化成 C_{2v}，铬原子的五个 d 轨道几乎都不是简并的，如图 3.3（a）所示。正如图 3.2 所示，与铬原子最近邻的六个锡原子中，铬原子与面外锡原子的距离比与面内的锡原子的距离近（大约 0.12 Å）。这说明铬原子与面外的锡原子有很强的相互作用。如图 3.3（b）给出了面外锡原子的分态密度。结合图 3.3（a）和（b），我们很明显可以看到锡原子的 p_y，p_x 和 p_z 轨道分别与铬原子的 d_{xy}，$d_{x^2-y^2}$ 和 d_{xz} 轨道成键。这可以从图 3.2（a）得到很好的解释。例如，锡原子的 p_x 轨道与铬原子的 $d_{x^2-y^2}$ 轨道可以形成 σ 键，而锡的 p_y（p_z）轨道可以与铬的 d_{xy}（d_{zx}）轨道成键。由于铬原子的 d 电子与锡原子 p 电子的强相互作用，锡原子的 p_y，p_x 和 p_z 轨道呈现出明显的自旋极化，这是实现量子反常霍尔效应的一个关键因素。

　　对于不掺杂磁性原子的哑铃状结构的锡烯而言，在费米面处有大约 40 meV 的非平庸带隙打开[24]。这种拓扑性质主要来自当考虑自旋轨道耦合相互作用的情况下，锡原子的 $p_{x,y}$ 和 p_z 轨道在费米面附近的能带翻转。现在我们来分析当磁性原子吸附在哑铃状结构锡烯表面的情况。图 3.4 给出了一个铬原子吸附在 2×2 的哑铃状结构锡烯表面的能带结构。正如预想的一样，由于铬原子 d 轨道与锡原子较强的相互作用，在能量窗口 –0.3 eV 附近有非常明显的自旋极化，如图 3.4（a）所示。从图 3.4（c）中可以看出，当不考虑自旋轨道耦合相互作用情况下，由于自旋极化使得上自旋的 $p_{x,y}$ 与下自旋的 p_z 的能带在能量窗口 –0.34 eV 附近交叠。这种情况与文献 [24] 是不同的：文献 [24] 中，在不考虑自旋轨道耦合相互作用时，$p_{x,y}$ 与 p_z 之间有一个平庸的带隙。当考虑自旋轨道耦合相互作用时，8.5 meV 的全局能带在 Γ 点处打开。由于体系磁性的出现，此时的能带翻转不再与体系的对称性有关系,而是与接下来计算的贝里曲率和陈数有关。因此量子反常霍尔效应可以在体系中实现。此体系中打开的非平庸带隙 8.5 meV 意味着此效应可以在液氮环境的温度下实现。这个温度要比在实验中在 $(Bi,Sb)_2Te_3$ 表面吸附铬(钒)原子实现量子反常霍尔效应的温度高得多[13-15]。此外,我们也考虑了钼原子和钨原子吸附在哑铃状结构锡烯表面的情况。当钼原子吸附在哑铃状结构锡烯表面时,钼原子的 d 电子分布在所有的能量窗口内,并且该体系表现出明显的金属特性。而当钨原子吸附在哑铃状结构锡烯的表面时,由于钨原子很弱的磁性,该体系没有表现出磁性特征。这些结果表明并不是简单地在拓扑绝缘体体系吸附磁性原子就能够实现量子反常霍尔效应。

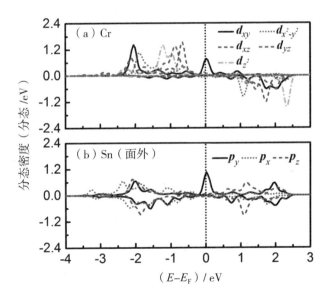

图 3.3　铬原子吸附哑铃状结构锡烯的铬原子(Cr)(a)和面外锡原子(out of plane)(b)的分态密度(Density of States),其中正值和负值分别表示上自旋和下自旋。为了能够表达得更清楚,其中锡原子的分态密度乘了三倍。此时,我们不考虑自旋轨道耦合相互作用。

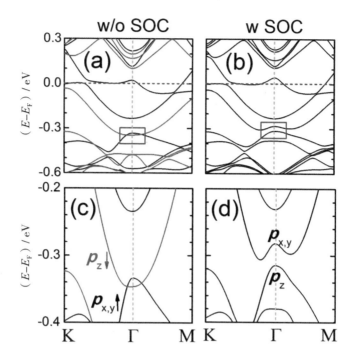

图 3.4　不考虑自旋轨道耦合相互作用（a）和考虑自旋轨道耦合相互作用（b）情况下,铬原子吸附哑铃状结构锡烯的能带结构。图中黑色和红色的曲线分别表示上自旋和下自旋能带。图（c）和（d）分别是图（a）和（b）在能量窗口 –0.3 eV 附近的放大图,其中蓝色的窗口表示能带翻转的区域。

3.3.2　拓扑特性

通过计算贝里曲率和陈数,我们来表征在哑铃状结构锡烯表面吸附铬原子体系由自旋轨道耦合相互作用导致的拓扑特性。贝里曲率是通过下面的计算公式计算得到的[29-30]:

$$\Omega(k) = \sum_n f_n(k)\Omega_n(k) ,\qquad (3.3.1)$$

$$\Omega_n(k) = -2\,\mathrm{Im}\sum_{m\neq n}\frac{\hbar^2\langle\psi_{nk}|v_x|\psi_{mk}\rangle\langle\psi_{mk}|v_y|\psi_{nk}\rangle}{(E_m-E_n)^2}\,,\qquad(3.3.2)$$

其中，求和是针对所有的占据态，$f_n(k)$ 是费米狄拉克分布函数，$E_{m(n)}$ 是布洛赫函数的本征值，$v_{x(y)}$ 是速度算符。在我们的具体计算中，贝里曲率是在瓦尼尔函数基下计算得到的。通过将倒空间的布洛赫函数表象转化为实空间的瓦尼尔函数表象，贝里曲率可以通过文献 [31] 的方法得到。将计算得到的贝里曲率在第一布里渊区进行积分就得到陈数（C）和霍尔电导（σ_{xy}），即 $C=\dfrac{1}{2\pi}\sum_n\int_{BZ}\mathrm{d}^2k\,\Omega_n$ 和 $\sigma_{xy}=\dfrac{e^2}{h}C$。这里的瓦尼尔函数是通过在之前自洽计算的电荷密度的基础上用一个 $5\times5\times1$ 的倒空间 k 点做非自洽计算来构造的，然后用相应的算法优化得到最局域瓦尼尔函数。在计算中，得到的最局域瓦尼尔函数可以非常精确地拟合由第一性原理计算得到的能带结构。

图 3.5（a）给出了利用瓦尼尔函数计算得到的能带结构与密度泛函计算得到的结果，我们发现两者能够很好地吻合。通过计算得到的陈数为 -1，表明边缘态是受拓扑保护的，体系的边界处会出现手性的传输通道。这意味着量子反常霍尔效应可以在此体系中实现。对于 $3(4)d$ 的过渡金属原子吸附在石墨烯或者硅烯上，带隙通常是在 K 和 K′ 点打开的。由于吸附原子和衬底对这些体系的 AB 子格对称性破坏性很大，使得 K 和 K′ 点打开的带隙通常不在同一个能量窗口，并且这些带隙也很小。这导致很难有全局的带隙在这些体系中打开。因此，量子反常霍尔效应很难在这些小带隙体系中观测到。在铬原子吸附在哑铃状结构锡烯表面体系中实现的量子反常霍尔效应所得到的非平庸的带隙是在 Γ 点处打开的，由于衬底对此体系影响比较小，因此更容易打开全局的带隙。与传统的蜂窝状六角晶格的锡烯相比，在哑铃状结构的锡烯表面体系中实现

的量子反常霍尔效应更容易在实验中得到。

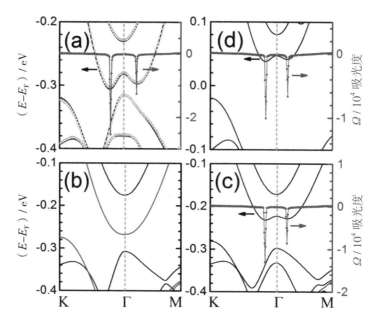

图3.5 （a）考虑自旋轨道耦合相互作用情况后,铬原子吸附在哑铃状结构锡烯表面的能带结构,其中黑色的曲线和红色的圆圈分别代表密度泛函和瓦尼尔方法得到的结果,蓝色的点代表通过积分所有的价带得到的贝里曲率。不考虑(b)和考虑(c)自旋轨道耦合相互作用后,施加3%的张应力后体系的能带结构。(d)在体系引入两个空穴并施加3%的张应力后体系的能带结构。(c)和(d)中的蓝色点表示相应的贝里曲率。

　　图3.5（b）给出了应力对铬原子吸附在哑铃状结构锡烯表面的能带结构的影响。结果表明体系的带隙对面内的应力非常敏感。当对此体系施加3%的面内应力后,体系的全局带隙能够达到 50 meV,这比不加应力的结果要大得多。同时,此结果比前面文献得到的结果也大很多[9-12,35,36]。现在我们分析应力对带隙影响的机制。当不考虑应力时,锡原子上自旋$p_{x,y}$轨道和下自旋p_z轨道在 Γ 点处交叠。当施加3%的面内应力后,上自旋$p_{x,y}$轨道和

下自旋 p_z 轨道的色散变小,使得上自旋 $p_{x,y}$ 轨道向下移动,同时下自旋 p_z 轨道向上移动,如图 3.5(b)所示。这时上自旋 $p_{x,y}$ 轨道和下自旋 p_z 轨道在 Γ 点处打开一个非平庸的带隙。当考虑自旋轨道耦合相互作用后,上自旋 $p_{x,y}$ 轨道和下自旋 p_z 轨道的能带翻转,50 meV 的非平庸带隙在 Γ 点处打开,如图 3.5(c)所示。相比不加应力时 8.5 meV 的非平庸带隙,此时能够得到的较大带隙的原因是:当施加张应力后使得 $p_{x,y}$ 轨道势能梯度变得很大。通过计算得到的贝里曲率可以证明此时打开的带隙是非平庸的。从图 3.5(a)中,我们可以看出打开的非平庸带隙不在费米面处,这导致在实验中不能直接测量到。由于打开的非平庸带隙在费米面以下,需要在此体系填充两个空穴才能将带隙调节至费米面处。此时相应的空穴浓度大约是 $6.1 \times 10^{13} \text{ cm}^{-2}$,目前实验条件已经达到了这样的技术手段[37,38]。如图 3.5(d)所示,当在此体系中引入两个空穴后,带隙已经调节至费米面处。这时,非平庸的带隙已经增大至大约 60 meV。由于带隙已经调至费米面处,在哑铃状结构锡烯表面吸附铬原子来实现量子反常霍尔效应的设想可以比较容易地在实验中实现。

此外,我们研究了铬原子浓度对结果的影响。当在 1×1 的单胞中吸附一个铬原子时,无法得到全局的带隙。这是由于高浓度的铬原子,使得铬原子的 $3d$ 轨道与锡原子的 $5p$ 轨道有很强的相互作用,从而使它们纠缠在一起。因此,当铬原子的浓度太高的时候,量子反常霍尔效应是无法实现的。同时,我们也考虑了低浓度铬原子的情况。当在 3×3 的单胞中吸附一个铬原子时,在 Γ 点处可以打开 6.8 meV 的非平庸带隙,这个结果与 2×2 的情况非常类似。这意味着即使当铬原子的浓度非常低(1.1%)时,量子反常霍尔效应依然可以实现。由于单层氮化硼具有很大的带隙以及很高的介电常数,它们通常作为生长石墨烯和其他二维材料的理想衬底[39,40]。因此,我们研究此体系生长在 $2\sqrt{13} \times 2\sqrt{13}$ 的单层氮化硼衬底上的拓扑性质。计算得到的哑铃状结构锡烯与氮化硼之间的层间距为 3.98 Å。这表明锡烯与衬底之间的相互作用很弱。此时在 Γ 点处打开的非平庸带隙为 8.0 meV,这意味着衬底对体系的带隙影响可以忽略。

为了证明密度泛函理论在预测体系磁性方面的可信度,我们计算了 $CuCr_2Se_4-xBr_x$ 体系的电子性质。众所周知,实验中在 5 K 时测得铁磁材料 $CuCr_2Se_4-xBr_x$ 的磁矩分别是 $2.9\mu_B$ /Cr(x=1)和 $2.6\mu_B$ /Cr(x=0)。通过密度泛函方法我们得到的磁矩分别是 $3.00\mu_B$/Cr(x=1)和 $2.56\mu_B$ /Cr (x=0)。这与实验结果非常接近。这表明密度泛函理论在预测磁性方面的可靠性。

3.4　小结

在该工作中,基于密度泛函理论我们研究了稳定的二维哑铃状结构锡烯吸附铬原子的电子结构和拓扑性质。结果表明该体系在 Γ 点而非 K 和 K′ 处打开非平庸的带隙。这种拓扑性质主要是由锡原子的上自旋 $p_{x,y}$ 轨道和下自旋 p_z 轨道能带翻转导致的。通过计算得到的陈数为 −1,表明在体系的边界处会出现有手性的传输通道。通过在面内施加张应力,非平庸的带隙可以调节至 50 meV。此外,我们发现该体系生长在氮化硼衬底时,衬底对能带结构几乎没有影响。该工作表明量子反常霍尔效应可以比较容易地在哑铃状结构的锡烯中实现。

参考文献

[1] M. Z. Hasan, C. L. Kane. Colloquium: topological insulators [J]. Rev. Mod. Phys., 2010 (4): 3045–3067.

[2] X. L. Qi , S. C. Zhang. Topological insulators and superconductors [J]. Rev. Mod. Phys., 2011 (4): 1057–1110.

[3] X. L. Qi , S. C. Zhang. The quantum spin Hall effect and topological insulators [J]. Phys. Today, 2010: 33.

[4] B. Yan , S. C. Zhang. Topological materials [J]. Rep. Prog. Phys., 2012 (9): 096501.

[5] X. L. Qi, T. L. Hughes, S. C. Zhang. Topological field theory of time–reversal invariant insulators [J]. Phys. Rev. B, 2008 (19–15): 195424.

[6] L. Fu, C. L. Kane. Superconducting proximity effect and Majorana fermions at the surface of a topological insulator [J]. Phys. Rev. Lett., 2008 (9): 096407.

[7] M. Konig, S. Wiedmann, C. Brune, et al. Quantum spin Hall insulator state in HgTe quantum wells [J]. Science 2007 (5851): 766–770.

[8] F. D. M. Haldane. Model for a Quantum Hall effect without landau levels: condensed–matter realization of the "parity anomaly" [J]. Phys. Rev. Lett., 1988 (18)：2015–2018.

[9] C. X. Liu, X. L. Qi, X. Dai, et al. Quantum anomalous Hall effect in $Hg_{1-y}Mn_y$ Te quantum wells [J]. Phys. Rev. Lett., 2008 (14): 146802.

[10] H. Zhang, C. Lazo, S. Blugel, et al. Electrically tunable quantum anomalous Hall effect in graphene decorated by 5 d transition–metal

adatoms [J]. Phys. Rev. Lett., 2012 (5): 056802.

[11] R. Yu, W. Zhang, H. J. Zhang, et al. Quantized anomalous Hall effect in magnetic topological insulators [J]. Science, 2010 (5987): 61–64.

[12] Z. F. Wang, Z. Liu, F. Liu. Quantum anomalous Hall effect in 2D organic topological insulators [J]. Phys. Rev. Lett., 2013 (19): 196801.

[13] C. Z. Chang, J. Zhang, X. Feng,et al. Experimental observation of the quantum anomalous Hall effect in a magnetic topological insulator [J]. Science, 2013 (6129): 167–170.

[14] J. G. Checkelsky, R. Yoshimi, A. Tsukazaki, et al. Trajectory of the anomalous Hall effect towards the quantized state in a ferromagnetic topological insulator [J]. Nat. Phys., 2014 (10): 731–736.

[15] X. F. Kou, S. T. Guo, Y. B. Fan, et al. Scale–invariant quantum anomalous Hall effect in magnetic topological insulators beyond the two–dimensional limit [J]. Phys. Rev. Lett., 2014 (13): 137201.

[16] J. Ding, Z. Qiao, W. Feng, et al. Engineering quantum anomalous/ valley Hall states in graphene via metal–atom adsorption: An ab–initio study [J]. Phys. Rev. B, 2011 (19): 195444.

[17] J. Zhang, B. Zhao, Z. Yang. Abundant topological states in silicene with transition metal adatoms [J]. Phys. Rev. B, 2013 (16):165422.

[18] S. C. Wu, G. Shan, B. Yan. Prediction of near–room–temperature quantum anomalous Hall effect on honeycomb materials [J]. Phys. Rev. Lett., 2014 (25): 256401.

[19] C. L. Kane ,E. J. Mele. Quantum Spin Hall Effect in Graphene [J]. Phys. Rev. Lett., 2005 (22):226801.

[20] Y. G. Yao, F. Ye, X. L. Qi, et al. Spin–orbit gap of graphene: First– principles calculations [J]. Phys. Rev. B, 2007 (4): 041401.

[21] P. Vogt, P. D. Padova, C. Quaresima, et al. Silicene: compelling

experimental evidence for graphenelike two–dimensional silicon [J]. Phys. Rev. Lett., 2012 (15): 155501.

[22] L. Li, S. Lu, J. Pan, et al. Buckled germanene formation on Pt (111) [J]. Adv. Mater., 2014 (28): 4820–4824.

[23] F. Zhu, W. Chen, Yong, Xu, et al. Epitaxial growth of two–dimensional stanene [J]. Nat. Mater., 2015 (10): 1020–1025.

[24] P. Tang, P. Chen, W. Cao, et al. Stable two–dimensional dumbbell stanene: A quantum spin Hall insulator [J]. Phys. Rev. B, 2014 (12): 121408.

[25] S. Cahangirov, V. O. Ozcelik, L. Xian, et al. Atomic structure of the 3×3 phase of silicene on Ag (111) [J]. Phys. Rev. B, 2014 (3): 035448.

[26] G. Kresse, J. Furthmuller. Efficient iterative schemes for ab initio total–energy calculations using a plane–wave basis set [J]. Phys. Rev. B, 1996 (16): 11169–11186.

[27] G. Kresse, D. Joubert. From ultrasoft pseudopotentials to the projector augmented–wave method [J]. Phys. Rev. B, 1999 (3): 1758–1775.

[28] J. P. Perdew, K. Burke, M. Ernzerhof. Generalized gradient approximation made simple [J]. Phys. Rev. Lett., 1996 (18): 3865–3868.

[29] D. J. Thouless, M. Kohmoto, M. P. Nightingale, et al. Quantized Hall conductance in a two–dimensional periodic potential [J]. Phys. Rev. Lett., 1982 (6): 405–408.

[30] Y. G. Yao, L. Kleinman, A. H. MacDonald, et al. First principles calculation of anomalous Hall conductivity in ferromagnetic bcc Fe [J]. Phys. Rev. Lett., 2004 (3): 037204.

[31] X. J. Wang, J. R. Yates, I. Souza, et al. Ab initio calculation of the

anomalous Hall conductivity by Wannier interpolation [J]. Phys. Rev. B, 2006 (19): 195118.

[32] N. Marzari,D. Vanderbilt. Maximally localized generalized Wannier functions for composite energy bands [J]. Phys. Rev. B, 1997 (20): 12847–12865.

[33] I. Souza, N. Marzari, D. Vanderbilt. Maximally localized Wannier functions for entangled energy bands [J]. Phys. Rev. B, 2001 (3): 035109.

[34] A. A. Mostofi, J. R. Yates, Y. S. Lee,et al. Wannier90 : A tool for obtaining maximally–localised Wannier functions [J]. Comput. Phys. Commun., 2008 (9): 685–699.

[35] Q. Z. Wang, X. Liu, H. J. Zhang, et al. Quantum anomalous Hall effect in magnetically doped InAs/GaSb quantum wells [J]. Phys. Rev. Lett., 2014 (14): 147201.

[36] G. Xu, B. Lian, S. C. Zhang. Intrinsic Quantum Anomalous Hall Effect in the Kagome Lattice $Cs_2 LiMn_3 F_{12}$ [J]. Phys. Rev. Lett., 2015 (18): 186802.

[37] D. K. Efetov , P. Kimg. Controlling electron–phonon interactions in graphene at ultrahigh carrier densities [J]. Phys. Rev. Lett., 2010 (25): 256805.

[38] J. G. Checkelsky, Y. S. Hor, R. J. Cava, et al. Controlling electron–phonon interactions in graphene at ultrahigh carrier densities [J]. Phys. Rev. Lett., 2011 (19): 196801.

[39] L. Britnell, R. Gorbachev, R. Jalil,et al. Field–effect tunneling transistor based on vertical graphene heterostructures [J]. Science, 2012 (6071): 947–950.

[40] L. Ju, J. Velasco Jr, E. Huang, et al. Photoinduced doping in

heterostructures of graphene and boron nitride [J]. Nat. Nanotechnol., 2014 (5): 348–352.

[41] W.–L. Lee, S. Watauchi, V. L. Miller, et al. Dissipationless anomalous Hall current in the ferromagnetic spinel $CuCr_2Se_4-xBr_x$ [J]. Science, 2004 (5664): 1647–1649.

在非磁衬底的锡烯薄膜上实现量子反常霍尔效应

4.1　研究背景与动机

　　量子反常霍尔效应是指在无外界磁场的作用下,体态绝缘而边界处存在手性的边界态。目前,这种效应已经在被掺杂铬或者钒元素的 $(Bi,Sb)_2Te_3$ 拓扑绝缘体中实验观测到 [1-3]。实验中观测到这种效应不仅对探寻新的拓扑态和研发低能耗的电子器件起到了里程碑的作用,而且对凝聚态物理和材料科学的发展有很大的推动作用。然而,在实验中只有在极低的温度下(约几十 mK)才能观测到该效应,不利于实际应用。因此,寻找新的材料并且能在较高的温度下实现量子反常霍尔效应是现在急需要解决的难题。

目前为止,理论中提出了很多实现量子反常霍尔效应的设想。通常情况下,它们可以分为以下三种情况:(1)在拓扑绝缘体中掺杂磁性原子[4-6];(2)把拓扑绝缘体耦合在铁磁或者反铁磁的表面形成异质结[7,8];(3)在有机的和 Kagome 格子的材料中实现量子反常霍尔效应[9,10]。对于第一种情况,在实现量子反常霍尔效应时,磁性原子无序是非常重要的问题。如果无法很好地解决无序问题,很可能无法实现量子反常霍尔效应。对第二种情况,虽然在实验中量子反常霍尔效应更容易得到,但是自然界中存在的铁磁绝缘体非常的少。通常情况下,铁磁绝缘体或者反铁磁绝缘体中包含过渡金属元素,而密度泛函理论在描述过渡金属元素时有它的弊端,并且这些材料在实验中很难被制备出来。对第三种情况,尽管量子反常霍尔效应可以自然地得到,但是打开的带隙很小(仅仅约 10 mK)。最近研究发现,在半饱和的锗烯(锡烯)和铋薄膜中可以实现非平庸大带隙的量子反常霍尔效应[11,12]。这种机制与文献 [13] 在石墨烯中产生磁性的机制是类似的。但是这种设想很难在实验中实现,这是由于锗烯和锡烯的键长很长,这导致它们只有在合适的衬底上才能稳定存在[14,15]。因此需要找到合适的衬底才能实现量子反常霍尔效应。尽管锡烯已经在 Bi_2Te_3(111) 表面通过分子束外延方法得到,但是此体系中的狄拉克点被破坏得很厉害并且表现出金属特性,如图 4.1 所示。这意味着尽管锡烯可以生长在 Bi_2Te_3 (111) 表面,但它不是生长锡烯理想的衬底材料。

在该工作中,我们通过密度泛函理论计算,提供了一种新的衬底(PbI_2 薄膜)来生长锡烯。块体的 PbI_2 是通过范得瓦尔斯力结合的体系,与它结构类似的是层状的 CdI_2[16]。由于层间很弱的范得瓦尔斯相互作用,层状的 PbI_2 在实验中已经被成功地剥离得到[17,18],如图 4.2 所示。计算得到的单层 PbI_2 的晶格常数与锡烯的非常相近,因此单层 PbI_2 薄膜是锡烯理想的衬底材料。通过氢化或者卤化锡烯外层锡原子,而不是掺杂磁性原子,可以在此体系中实现铁磁性和量子反常霍尔效应。结果表明在 Γ 点处可以得到 90 meV 的非平庸带隙。通过计算得到的陈数为 1 表明此体系的边界态是拓扑非平庸的。我们的工作提供了一种在实验上容易实现量子反常霍尔效应并且带隙大而且稳定的新思路。

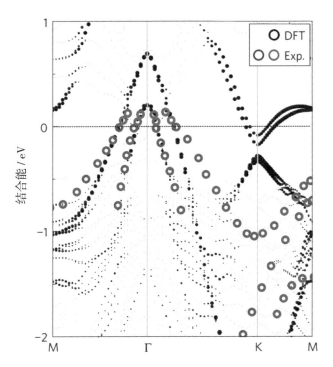

图 4.1　理论计算(黑色圆圈)与实验测量(蓝色和红色圆圈)得到的锡烯长在 Bi_2Te_3 (111) 表面的能带图。图片取自文献 [15]

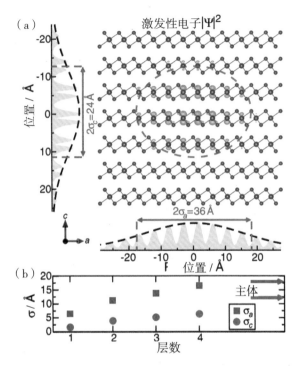

图 4.2　实验中剥离出层状 PbI$_2$ 示意图

4.2　计算方法和模型

本工作中,单层 PbI$_2$ 和 Sn/PbI$_2$ 异质结的电子性质是基于密度泛函理论第一性原理计算完成的[19],使用的是 VASP 软件包。价电子与离子实之间的相互作用是利用投影缀加波(PAW)[20]来描述的。电子之间的交换关联势是通过 PBE 形式的梯度近似来描述的[21]。平面波的截断能设置为400 eV。为了防止两层之间有相互作用,真空层设置为 20 Å。电子步的收敛标准设置为 10^{-5} eV。结构优化采用的是共轭梯度法。在进行离子弛豫时,每个原子所受到的 Hellmann–Feynman 力小于 0.01 V/ Å。$12 \times 12 \times 1$ 的 k 点网格是利用 Monkhorst–Pack 方法产生的。异质结中的相互作用是范得瓦尔斯纠正的 Grimme(DFT–D2)[22]算法。通过计算贝里曲率和陈数,来表征在 Sn/PbI$_2$ 异质结中由自旋轨道耦合作用导致的拓扑特性。贝里曲率的计算公式在文献 [23–25] 给出。最局域化的瓦尼尔函数 [26–28] 是通过非自洽的 $9 \times 9 \times 1$ 的 k 点网格产生的。陈数是通过公式 $C = \dfrac{1}{2\pi} \sum_{n} \int_{BZ} d^2 k \Omega_n$ 计算得到的。

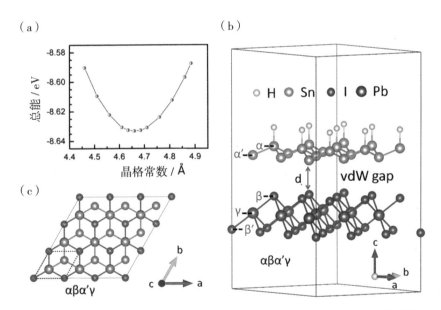

图 4.3　(a)单层 PbI$_2$ 的总能(Energy)随着晶格常数(Lattice constant)变化趋势。半饱和氢化的锡烯生长在单层 PbI$_2$ 的侧视图(b)和俯视图(c)。图(b)和(c)给出来的是最稳定的构型。图(b)中的 "d" 表示的是锡烯和衬底之间的距离。(c)中黑色的实线和红色的虚线分别表示 3×3 和 1×1 的单胞,vdW gap 表示两层之间是范德瓦尔斯相互作用

4.3 计算结果与讨论

4.3.1 电子结构

首先,我们关注的是单层 PbI_2,由于块体的 PbI_2 是通过弱的范得瓦尔斯作用结合的,那么单层 PbI_2 薄膜很容易通过剥离得到。图 4.3(a)中给出了单层 PbI_2 的总能随晶格常数的变化曲线。从图中可以看到,平面内的最优晶格常数为 $a = b = 4.66$ Å,这比块体的 PbI_2 的晶格常数稍微大一点 [16]。单层 PbI_2 与锡烯的晶格常数非常匹配,失配率仅仅为 0.4%。研究发现块体 PbI_2 是具有 2.5 eV 带隙的绝缘体 [29,30],这能很好的保证在费米面处没有杂乱能带。因此单层 PbI_2 是生长锡烯的理想衬底材料。在实验中,可以将通过物理剥离法得到的层状 PbI_2 放到硅衬底上,然后重复剥离数次可得到单层的 PbI_2 薄膜。

随后,我们考虑如何在长有锡烯的单层 PbI_2 薄膜上实现量子反常霍尔效应。由于实现量子反常霍尔效应必须要有磁场的存在 [1-3],因此我们利用在石墨烯上产生磁性的机制来在此体系中产生铁磁序 [13]:用氢或者卤族元素半饱和锡烯。为了表示更清楚,我们用 $\alpha(\alpha')$、$\beta(\beta')$,和 γ 分别表示锡、碘和铅原子,如图 4.3(b)和(c)所示。从图 4.3(b)中可以看到,所有 α 的锡原子与氢原子成键,导致 α'

的锡原子有 p_z 的悬挂键。这就使得此结构的单胞中会产生 1 μ_B 的磁矩。即使该体系没有磁性原子,但是体系却表现出了长程铁磁序。这种方法有利于实验制备和理论考虑不具有磁性的体系[13,31,32]。

当半饱和的锡烯长在单层 PbI_2 薄膜上(SnX/PbI_2, X=H, F–I)时,可能存在着不同的构型。因此,我们考虑了六种典型的构型,其中第一种构型如图 4.3 (b)和(c)所示,其他五种构型如图 4.4 所示。首先给出三种构型:(1)α 型的锡原子在 β 型碘原子的顶位,α' 型的锡原子在铅原子的顶位,用 $\alpha\beta\alpha'\gamma$ 标记;(2)α 型的锡原子在 β 型碘原子的顶位,α' 型的锡原子在 β' 型碘原子的顶位,用 $\alpha\beta\alpha'\beta'$ 标记;(3)α 型的锡原子在铅原子的顶位,α' 型的锡原子在 β' 型碘原子的顶位,用 $\alpha\gamma\alpha'\beta'$ 标记。类似的剩下的三种构型分别是 $\alpha\beta'\alpha'\gamma$, $\alpha\gamma\alpha'\beta$,和 $\alpha\beta'\alpha'\beta$,如图 4.4 所示。通过计算,发现这六种构型中,第一种构型的总能最低,即是最稳定的构型。表 4.1 给出了这六种构型的总能差以及层间距。从表中我们可以看出,构型稳定性的减小与层间距逐渐增加的趋势是一致的。由于所有的构型中的层间距都大于等于 3.0 Å,表明这些体系属于范得瓦尔斯力型的异质结[33]。同时可以看出,前面三种构型的总能明显比后面的低。这表明 α' 型的锡原子不会与 β 型的碘原子成键。因此,这能保证长程的铁磁序仍保留在此体系中。这是实现量子反常霍尔效应的关键条件。由于 α' 型的锡原子不会与 β 型的碘原子成键,表明锡烯层与单层 PbI_2 之间是靠范得瓦尔斯力结合,而不是化学键结合。由于在这六种构型中第一种是最稳定的,下面的计算结果都只是考虑第一种构型。

图 4.5 (a)给出了在不考虑自旋轨道耦合作用情况下,SnH/PbI_2 异质结的能带图。从图中可以明显看出,体系是自旋极化的。特别地,在能量范围 –0.5 eV 到 0.5 eV 之间的两条相对比较平的能带主要是由 α' 的锡原子未饱和的 p_z 轨道贡献的。由于这对能带的自旋极化导致费米面处其他能带的自旋极化。如图 4.5 (a)所示,

不考虑自旋轨道耦合作用情况下,体系是没有带隙的半导体[34,35]。这是由于体系在 C_{3v} 对称性的保护下,在 Γ 点处的锡原子 $p_{x,y}$ 轨道是简并的。当考虑自旋轨道耦合作用后,在费米面处会打开 68 meV 的带隙,如图 4.5(b)和(c)。对比图 4.5(a)和(c)的费米面处可以看到很明显的能带翻转。

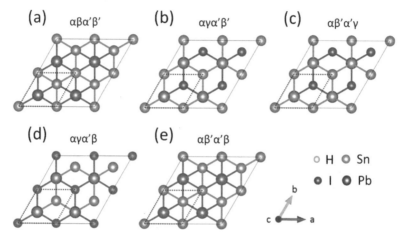

图 4.4 半饱和锡烯长在单层 PbI_2 的另外五种构型,其中黑色的实线和红色的虚线分别表示 2×2 和 1×1 的单胞

表 4.1 六种构型的 SnH/PbI_2 异质结的相对能量和层间距。ΔE_n 定义为:$\Delta E_n = E_n - E_1$,其中 E_n 表示是在 1×1 的单胞中,第 n($n = 1 \sim 6$)种情况下的总能。$E_1 = -19.105$ eV。"d" 表示锡烯和衬底间的距离。

Case	(1)	(2)	(3)	(4)	(5)	(6)
Conf.	$\alpha\beta\alpha'\gamma$	$\alpha\beta\alpha'\beta$	$\alpha\gamma\alpha'\beta'$	$\alpha\beta'\alpha'\gamma$	$\alpha\gamma\alpha'\beta$	$\alpha\beta'\alpha'\beta$
ΔE /meV	0	62	67	149	203	204
d / Å	3.00	3.15	3.22	3.45	3.76	3.77

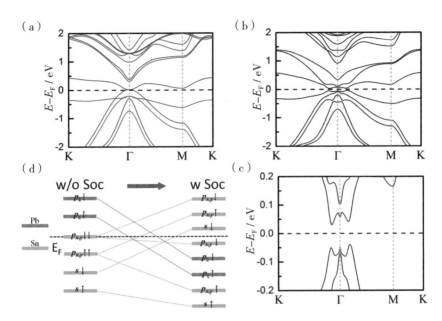

图 4.5　不考虑(a)和考虑(b)自旋轨道耦合作用情况下,SnH/PbI₂ 异质结的能带结构图。红色和蓝色的曲线分别表示上自旋和下自旋。图(c)是图(b)在费米面处的能带放大图。(d)从不考虑到考虑自旋轨道耦合情况作用时,SnH/PbI₂ 异质结的能带翻转机制。图中的小箭头表示自旋方向

图 4.5(d)给出了费米面附近能带翻转的过程,并且给出了当不考虑自旋轨道耦合作用时,在费米面处 Γ 点附近的八个能级。这里,锡原子上自旋和下自旋的 $p_{x,y}$ 轨道都是双重简并的。当考虑自旋轨道耦合作用后,双重简并的锡原子的上自旋和下自旋的 $p_{x,y}$ 轨道都劈裂开了。尽管锡原子和衬底之间的作用是范德瓦尔斯相互作用,但是当考虑自旋轨道耦合相互作用后,铅原子 p_z 轨道起到了至关重要的作用。在图 4.5(d)的右侧可以看到,铅原子上自旋和下自旋的 p_z 轨道两者都变成了占据态。锡原子下自旋的 s 轨道和锡原子上自旋的 $p_{x,y}$ 轨道相应的变成了非占据态。对于全饱和的锡烯,量子自旋霍尔效应是由于 s-$p_{x,y}$ 轨道之间的翻转以及它们相反的宇称导致的[11]。而在此异质结中,铅原子和锡原子的自旋轨道

耦合作用使得锡原子下自旋的 s 轨道向上移动,从而变成非占据态,这对体系的拓扑态是没有贡献的。不同的是,从图 4.5(d)的右侧可以看到,锡原子下自旋的 s 轨道和 $p_{x,y}$ 轨道之间依然存在着能带翻转,这是导致体系出现拓扑性质的主要来源。除此之外,还有另外一种机制的能带翻转:锡原子上下自旋的 $p_{x,y}$ 轨道和铅原子的上下自旋的 p_z 轨道之间的能带翻转。通过计算我们发现,来自锡原子上下自旋的 $p_{x,y}$ 轨道和铅原子的上下自旋的 p_z 轨道之间的能带翻转产生的陈数相互抵消。他们对自旋陈数是有贡献的[36,37],对体系总的陈数没有贡献。因此,只有锡原子下自旋的 s 轨道和 $p_{x,y}$ 轨道之间的能带翻转导致量子反常霍尔效应的产生。这种翻转机制与半饱和锡烯产生拓扑态的机制[11]是不同的,这个体系的拓扑态主要是由于锡烯和 PbI_2 衬底的相互作用而产生的。

通过计算磁各向异性,我们得到面外磁矩的总能比面内磁矩的总能低 1.2 meV。类似的,由于诱导出磁性的 α' 型锡原子组成了三角晶格,我们考虑了在面内组成的 120° 反铁磁的情况,如图 4.6(a)所示。结果发现反铁磁的总能比面外铁磁的总能每个单胞高 350 meV。因此,在 SnH/PbI_2 异质结中,面外的铁磁序是基态。在下面的讨论中,我们只考虑这种磁矩方向,除非特别声明。表 4.2 给出了 SnX/PbI_2(X= F–I)异质结的电子结构和磁学性质。从表中可以看出来,所有 SnX/PbI_2 异质结的基态都是铁磁序。对于结构 SnF/PbI_2 和 $SnCl/PbI_2$,体系没有全局的带隙,而对结构 $SnBr/PbI_2$ 和 SnI/PbI_2,体系的带隙要小于 SnH/PbI_2 的情况。引起这种现象的主要原因是卤族元素饱和的锡烯的晶格常数从 F 元素到 I 元素逐渐减小[38]。当半饱和的锡烯长在较小 PbI_2 薄膜上时,相当于外部应力施加在半饱和的锡烯上。这就使得对于 Br 元素和 I 元素带隙减小,而对 F 元素和 Cl 元素没有带隙。图 4.7 给出了 $SnCl/PbI_2$ 和 SnI/PbI_2 体系的能带图。

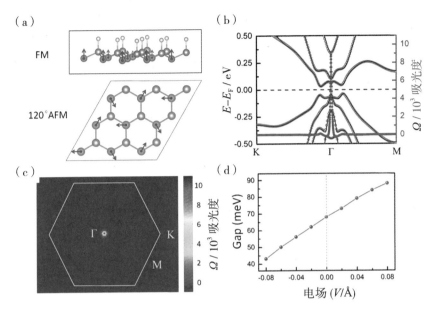

图 4.6 （a）在 SnX/PbI$_2$ 异质结 3×3 单胞中,铁磁序和 120° 反铁磁序的结构示意图。蓝色的箭头表示磁矩的方向。（b）通过密度泛函理论(黑色的实线)和瓦尼尔方法(粉色的圆圈)得到能带结构图。蓝色的点表示的是所有价带的贝里曲率。（c）相对应的二维动量空间的贝里曲率分布图。（d）SnH/PbI$_2$ 异质结的带隙随着电场变化趋势图

4.3.2 拓扑特性

随后我们计算了贝里曲率和陈数来表征 SnH/PbI$_2$ 异质结由自旋轨道耦合作用导致的拓扑特性。图 4.6 (b)给出了通过密度泛函理论(黑色的实线)和瓦尼尔方法(粉色的圆圈)得到的能带结构。我们发现两者对应的非常好。图 4.6 (c)给出了相对应的二维动量空间的贝里曲率分布图。从图中可以看出,仅在第一布里渊区的 Γ 点附近分布有很多非零的贝里曲率。计算得到的陈数为 1,表明边

缘态是受拓扑保护的,体系的边界处会出现手性的传输通道。这意味着量子反常霍尔效应可以在此体系中实现。计算得到的非平庸带隙为 68 meV,比先前报道的量子反常霍尔效应的带隙要大很多[4-10,39-41]。这是由于 α 和 α' 型锡原子的不对称以及铅原子的 p_z 轨道增强了 Rashba 型的自旋轨道耦合作用[42,43],从而使得有如此大的带隙。

表 4.2　SnX/PbI$_2$ 异质结的电子结构和磁学性质（ X = F, Cl, Br 或者 I ）。"d_{Sn-Sn}" 表示 α 和 α' 锡原子的皱褶高度。"d" 表示半饱和锡烯和 PbI$_2$ 衬底的层间距。"M" 和 "E_g" 分别表示单胞中总的磁矩和全局带隙。

Element (X)	Ground state	d_{Sn-Sn} / Å	d / Å	$M(\mu_B)$	E_g / meV
H	FM	0.97	3.00	1.00	68
F	FM	1.05	2.88	0.79	/
Cl	FM	1.04	2.90	0.93	/
Br	FM	1.04	2.91	0.94	20
I	FM	1.04	2.91	0.95	30

由于薄膜体系具有可以通过调节外电场来调节电子性质的独特优势。我们考虑了 SnH/PbI$_2$ 带隙随着电场变化的情况,如图 4.6（ d ）所示。当在 c 方向[如图 4.3（ b ）]施加正向电场时,体系的带隙能被显著地增加。类似的,当在此体系施加负向电场时,体系的带隙会被抑制。当施加正向电场为 0.08 V/Å,体系的带隙能够达到 90 meV,这比没电场时的带隙要大 30%。这种现象可以解释为:当在此体系施加正向电场时,更多的电荷会从氢原子转移至锡原子。从而使 α 和 α' 型锡原子的 p_z 轨道的不对称性增加,继而增强外禀的 Rashba 自旋轨道耦合作用。因此,按照我们提出的方案来实现量子反常霍尔效应的设备可以在更高的温度下工作。

由于单层的 PbI$_2$ 薄膜是化学惰性的并且不容易与其他原子成键,可以将它作为 SnH/PbI$_2$ 异质结的保护膜。因此,我们将单层的 PbI$_2$ 薄膜放在 SnH/PbI$_2$ 异质结的表面来保护表面,如图 4.8（ a ）所示。计算结果表明 SnH 薄膜与两层 PbI_2 薄膜的相互作用为范得瓦尔斯相互作用。它们之间的层间距分别为 d_1 = 3.3 Å 和 d_2 = 3.0 Å。由于存在未饱和键的 α' 锡原子与 PbI_2 衬底的相互作用比 PbI_2 保护膜的相互作用强,所以 $d_2 < d_1$。图 4.8(b)给出了通过 DFT 方法(黑色的实线)和瓦尼尔方法(粉色的圆圈)得到能带结构图。我们发现两者对应的非常好。这个结果与图 4.6(b)的结果很类似。这表明 PbI_2 保护膜对原始的 SnH/PbI_2 的能带结构几乎没有影响。计算得到的体系带隙为 65 meV,与 SnH/PbI_2 异质结的带隙非常接近。因此,这种三明治结构的异质结能得到很稳定的量子反常霍尔效应。在图 4.8(c)和(d)中,我们给出了在实验中实现量子反常霍尔效应的原理示意图。图 4.8(d)中的最外层的 PbI_2 薄膜为保护膜。同时我们也考虑了半饱和的锡烯长在两层 PbI_2 薄膜上,结果得到的量子反常霍尔效应的带隙比在单层上的要小。

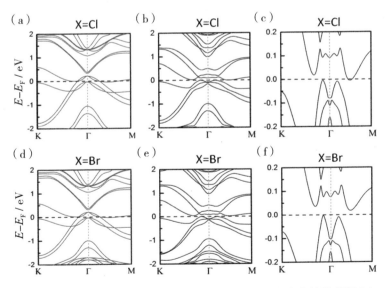

图 4.7　SnX/PbI_2(X = Cl 和 Br)异质结不考虑(a,d)和考虑自旋轨道耦合(b,e)的能带结构图。红色和蓝色的曲线分别表示上自旋和下自旋。(c,f)是能带结构(b,e)在费米面处的放大图

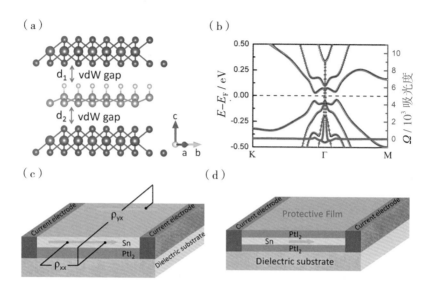

图 4.8 （a）$PbI_2/SnH/PbI_2$ 的三明治结构示意图。（b）通过密度泛函理论（黑色的实线）和瓦尼尔方法（粉色的圆圈）得到能带结构图。蓝色的点表示的是所有价带的贝里曲率。（c, d）分别表示在 SnH/PbI_2 和 $PbI_2/SnH/PbI_2$ 的异质结中实现量子反常霍尔效应的原理图

　　最后，我们提供了如何在实验中制备 SnX/PbI_2（X = H, F–I）的思路。首先，从块体的 PbI_2 上通过物理剥离法得到单层的 PbI_2 薄膜。其次，通过分子束外延的方法将锡烯生长在已经剥离好的单层 PbI_2 薄膜上。当锡烯长在单层 PbI_2 薄膜后，可以用氢或者卤族元素的激光束照射到样品的表面，使得 α 型的锡原子被氢或者卤族元素饱和。这时，就可以在实验上制备出 SnX/PbI_2 异质结。

4.4　小结

在该工作中,基于密度泛函理论和瓦尼尔函数方法我们系统地研究了半饱和六角晶格的锡烯长在单层 PbI_2 薄膜上的电子结构和拓扑性质。结果表明在半饱和的 Sn/PbI_2 异质结中可以实现量子反常霍尔效应。得到的非平庸带隙可以达到 90 meV,这比前面工作得到的量子反常霍尔效应要大得多。计算得到的陈数为 1 表明边界态是受拓扑保护的,体系的边界处会出现手性的传输通道。即使没磁性原子,我们也可以在这种异质结中实现量子反常霍尔效应。最后我们又设计了一种更为稳定地实现量子反常霍尔效应的三明治结构的异质结。我们的工作意味着在实验中可以相对容易地实现较大并且稳定的量子反常霍尔效应。

参考文献

[1] C. Z. Chang, J. Zhang, X. Feng,et al. Experimental observation of the quantum anomalous Hall effect in a magnetic topological insulator[J]. Science, 2013 (6129): 167–170.

[2] J. G. Checkelsky, R. Yoshimi, A. Tsukazaki, et al. Trajectory of the anomalous Hall effect towards the quantized state in a ferromagnetic topological insulator [J]. Nat. Phys., 2014 (10): 731–736.

[3] X. F. Kou, S. T. Guo, Y. B. Fan,et al. Scale–invariant quantum anomalous Hall effect in magnetic topological insulators beyond the two–dimensional limit [J]. Phys. Rev. Lett., 2014 (13): 137201.

[4] R. Yu, W. Zhang, H. J. Zhang, et al. Quantized anomalous Hall effect in magnetic topological insulators [J]. Science 2010 (5987): 61–64.

[5] J. Ding, Z. Qiao, W. Feng, et al. Engineering quantum anomalous/ valley Hall states in graphene via metal–atom adsorption: An ab–initio study [J]. Phys. Rev. B, 2011 (19): 195444.

[6] J. Zhang, B. Zhao, Z. Yang. Abundant topological states in silicene with transition metal adatoms[J]. Phys. Rev. B, 2013 (16): 165422.

[7] Z. Qiao, W. Ren, H. Chen, et al. Quantum anomalous Hall effect in graphene proximity coupled to an antiferromagnetic insulator[J]. Phys. Rev. Lett., 2014 (11): 116404.

[8] J. Zhang, B. Zhao, Y. Yao, et al. Robust quantum anomalous Hall effect in graphene–based van der Waals heterostructures[J]. Phys. Rev. B, 2015 (16): 165418.

[9] Z. F. Wang, Z. Liu, anf F. Liu. Quantum anomalous Hall effect in 2D organic topological insulators [J]. Phys. Rev. Lett., 2013 (19): 196801.

[10] G. Xu, B. Lian, S. C. Zhang. Intrinsic Quantum Anomalous Hall Effect in the Kagome Lattice $Cs_2 LiMn_3F_{12}$[J]. Phys. Rev. Lett., 2015 (18): 186802.

[11] S. C. Wu, G. Shan, B. Yan. Prediction of near–room–temperature quantum anomalous Hall effect on honeycomb materials [J]. Phys. Rev. Lett., 2014 (25): 256401.

[12] C. Niu, G. Bihlmayer, H. Zhang, et al. Functionalized bismuth films: Giant gap quantum spin Hall and valley–polarized quantum anomalous Hall states [J]. Phys. Rev. B, 2015 (4): 041303.

[13] J. Zhou, Q. Wang, Q. Sun, et al. Ferromagnetism in semihydrogenated graphene sheet [J]. Nano Lett., 2009 (11): 3867–3870.

[14] L. Li, S. Lu, J. Pan, et al. Buckled germanene formation on Pt (111) [J]. Adv. Mater., 2014, 26 (28): 4820–4824.

[15] F. Zhu, W. Chen, Yong, et al. Epitaxial growth of two–dimensional stanene [J]. Nat. Mater., 2015 (10): 1020–1025.

[16] R. W. G. Wyckoff. Crystal Structures (2nd ed) [M]. Interscience, New York, 1963 (1): 266.

[17] A. S. Toulouse, B. P. Isaacoff, G. Shi, et al. Frenkel–like Wannier–Mott excitons in few–layer PbI_2 [J]. Phys. Rev. B, 2015 (16): 165308.

[18] Y. Wang, Y. Y. Sun, S. Zhang ,et al. Band gap engineering of a soft inorganic compound PbI2 by incommensurate van der Waals epitaxy [J]. Appl. Phys. Lett., 2016 (1): 013105.

[19] G. Kresse,D. Joubert. From ultrasoft pseudopotentials to the projector augmented–wave method [J]. Phys. Rev. B, 1999 (3): 1758–1775.

[20] G. Kresse,J. Furthmuller. Efficient iterative schemes for ab initio

total–energy calculations using a plane–wave basis set [J]. Phys. Rev. B, 1996 (16): 11169–11186.

[21] J. P. Perdew, K. Burke, M. Ernzerhof. Generalized gradient approximation made simple [J]. Phys. Rev. Lett., 1996 (18): 3865–3868.

[22] S. Grimme. Semiempirical GGA - type density functional constructed with a long range dispersion correction [J]. J. Comput. Chem., 2006 (15): 1787–1799.

[23] D. J. Thouless, M. Kohmoto, M. P. Nightingale,et al. Quantized Hall conductance in a two–dimensional periodic potential [J]. Phys. Rev. Lett., 1982 (6): 405–408.

[24] Y. G. Yao, L. Kleinman, A. H. MacDonald, et al. First principles calculation of anomalous Hall conductivity in ferromagnetic bcc Fe [J]. Phys. Rev. Lett., 2004 (3): 037204.

[25] X. J. Wang, J. R. Yates, I. Souza, et al. Ab initio calculation of the anomalous Hall conductivity by Wannier interpolation [J]. Phys. Rev. B, 2006 (19): 195118.

[26] N. Marzari,D. Vanderbilt. Maximally localized generalized Wannier functions for composite energy bands [J]. Phys. Rev. B, 1997 (20): 12847–12865.

[27] I. Souza, N. Marzari, D. Vanderbilt. Maximally localized Wannier functions for entangled energy bands [J]. Phys. Rev. B, 2001 (3): 035109.

[28] A. A. Mostofi, J. R. Yates, Y. S. Lee,et al. Wannier90: A tool for obtaining maximally–localised Wannier functions [J]. Comput. Phys. Commun., 2008 (9): 685–699.

[29] E. Radoslovich. The structure of muscovite, $KAl_2(Si_3Al)O_{10}(OH)_2$ [J].

Acta Crystallogr., 1960 (11): 919–932.

[30] I. Schluter and M. Schluter. Electronic structure and optical properties of PbI$_2$ [J]. Phys. Rev. B, 1974 (4): 1652–1663.

[31] M. Sepioni, R. R. Nair, S. Rablen, et al. Limits on intrinsic magnetism in graphene [J]. Phys. Rev. Lett., 2010 (20): 207205.

[32] V. I. Anisimov, J. Zaanen, O. K. Andersen. Band theory and Mott insulators: Hubbard U instead of Stoner I [J]. Phys. Rev. B, 1991 (3): 943–954.

[33] A. K. Geim ,I. V. Grigorieva. Van der Waals heterostructures [J]. Nature 2013 (7459): 419–425.

[34] X. L. Wang. Proposal for a new class of materials: spin gapless semiconductors [J]. Phys. Rev. Lett., 2008 (15): 156404.

[35] Y. F. Pan ,Z. Q. Yang. Electronic structures and spin gapless semiconductors in BN nanoribbons with vacancies [J]. Phys. Rev. B, 2010 (19): 195308.

[36] Y. Yang, Z. Xu, L. Sheng, et al. Time–reversal–symmetry–broken quantum spin Hall effect [J]. Phys. Rev. Lett., 2011 (6): 066602.

[37] T. Zhou, J. Zhang, B. Zhao, et al. Quantum spin–quantum anomalous Hall insulators and topological transitions in functionalized Sb(111) monolayers [J]. Nano Lett., 2015 (8): 5149–5155.

[38] Y. Xu, B. Yan, H. J. Zhang, et al. Large–gap quantum spin Hall insulators in tin films [J]. Phys. Rev. Lett., 2013 (13): 136804.

[39] C. X. Liu, X. L. Qi, X. Dai, et al. Quantum anomalous Hall effect in Hg$_1$– y Mny Te quantum wells [J]. Phys. Rev. Lett., 2008 (14): 146802.

[40] H. Zhang, C. Lazo, S. Blugel, et al. Electrically tunable quantum anomalous Hall effect in graphene decorated by 5 d transition–metal

adatoms [J]. Phys. Rev. Lett., 2012 (5): 056802.

[41] Q. Z. Wang, X. Liu, H. J. Zhang,et al. Quantum anomalous Hall effect in magnetically doped InAs/GaSb quantum wells [J]. Phys. Rev. Lett., 2014 (14): 147201.

[42] Y. Bychkov,E. Rashba. Properties of a 2D electron gas with lifted spectral degeneracy [J]. Jetp Lett., 1984 (2): 78–81.

[43] D. W. Ma, Z. Y. Li, Z. Q. Yang. Strong spin‑orbit splitting in graphene with adsorbed Au atoms [J]. Carbon, 2012 (1): 297–305.

第 5 章

利用周期性缺陷以及 C_{60} 掺杂来调控低维碳纳米材料的热导率

5.1 研究背景与动机

最近几年来,低维碳纳米材料,比如石墨烯和石墨纳米带拥有特殊的物理性质 [1,2],引起了人们对这些材料的广泛关注。例如,作为一种新颖的材料,石墨带具有极高的电子迁移率 [3],很好的弹道传输性质以及很高的 Seebeck 系数 [4-6]。众所周知,热电材料的性能是用 ZT 系数的高低来衡量的,可以用公式 $ZT=T\sigma S^2/\kappa$ 来表示,这里 σ 表示电导率,S 表示 Seebeck 系数,T 表示温度,κ 表示热导率。如果石墨带的热导率很低的话,它可以作为很好的热电材料。然而,由于石墨烯有很大的声子平均自由程 [7],这使得石墨带的热导率非常的高。正是由于石墨带很高的热导率阻止石墨带在热电材料上的应用。另外一种碳纳米材料——纳米碳管自从被发现以后 [8]，它的电子以及力学性质被很好地研究了 [9,10]。同时，单臂纳米碳管的热导率已经在理论和实验上都被广泛地研究 [11-27]。实验和理论表明纳米碳管有极高的热导率。这些性质表明单臂纳米碳管可以应用到纳米集成电路，原子力显微镜和热管理方面。近年来，各种各样的热器件，例如，热整流器 [28-31]、热传输器 [32]、热逻辑门 [33] 以及热存储器 [34]，都已经在理论中涉及。除了这些器件，其他热器件，如热控制在热循环中也起着重要的作用。

因此，我们面临 2 个亟待解决的问题：(1) 如何能够有效地降低石墨带的热导率并且尽量保持它的电导率以及 Seebeck 系数不受影响，这是石墨带作为热电材料最重要的一个因素。(2) 尽管先前许多工作通过缺陷、掺杂以及分子间的节点 [35,36] 来实现这样的器件。但是这些方法只能单方面地降低热导率并不能真正控制热导率。因此，如何能找到更好的热控制器是一个很重要的突破。

5.2　计算结果与讨论

近年来，人们通过应力、掺杂、节点、边缘粗糙以及氢钝化 [37-41] 来试图很大程度上降低石墨带的热导率。然而，这些方法很难将石墨带的热导率降低 10 倍以上。这里，我们提出了一种新方法——周期性缺陷方法 [42-44] 来降低石墨带的热导率。最近有工作指出在硅纳米线上做周期性的缺陷能有效降低热导率，然而电导率变

化微乎其微 [45]。另外,我们发现石墨带的热学性质对缺陷非常地敏感 [46-48],然而电学性质并不敏感 [48]。如果通过周期性缺陷来很大程度降低石墨带的热导率,石墨带的 ZT 系数就能够被很大程度提升。

5.2.1　周期性缺陷对石墨带热导率的影响

首先,我们计算了完美扶手椅型 (AGNR) 和锯齿型石墨带 (ZGNR) 的热导率,这里石墨带的长度和宽度分别固定在 10 nm 和 2 nm,温度是在 300 K。热导率的计算公式由傅里叶定律计算得到:

$$\kappa = Jl \,/\, \nabla T \cdot w \cdot d \qquad (5.2.1)$$

这里表示 J 热流; ∇T 表示温度梯度; l, w 和 d 是石墨带的长度、宽度,以及厚度。

结果显示,AGNRs 和 ZGNRs 的热导率分别为 42.2 W/mK 和 61.4 W/mK。此结果与文献 [50-54] 符合得很好。ZGNRs 的热导率比 AGNRs 的高 31%。这表明 AGNRs 的边界对热导率影响更大一些。图 5.1 中我们给出了 AGNRs 和 ZGNRs 随温度变化关系。从图中我们可以看出热导率随温度的增加而增大,然而达到一定极值后,随温度增加反而会下降。这主要是由于当温度相对较低时,温度升高声子逐渐被激发而参与热输运,因而石墨带的热导率逐渐上升。如果进一步提高温度,被激发的声子越来越多。这是由于声子与声子间的散射变得非常厉害,使得石墨带的热导率呈下降趋势。

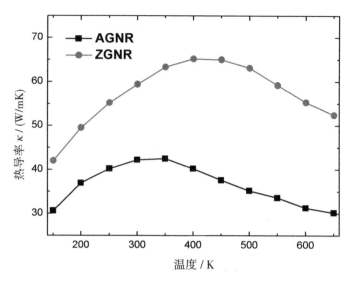

图 5.1　AGNRs 和 ZGNRs 的热导率随温度变化曲线

为了降低热导率,我们在石墨带上引入周期性的缺陷。如图 5.2 所示,我们研究了 6 种缺陷:三角形、正方形、六角形以及 3 种长方形。这里,石墨带的长度和宽度分别固定在 10 nm 和 2 nm,每条带上有 3 个缺陷。这些缺陷都是周期性的沿着长度方向。除非特别声明,石墨带热导率都是在 300 K 条件下计算得到的。图 5.3 所示给出了有缺陷 AGNR 和 ZGNR 的热导率。很明显,缺陷对石墨带的热导率影响非常的大。我们发现对不同的缺陷,石墨带热导率有 60% ~ 80% 的降低幅度。热导率的降低主要来源于缺陷对声子的散射 [55,56]。我们知道完美石墨烯的高热导率是由于在室温下其很大的声子平均自由程 (大约为 775 nm)。然而,当引入缺陷以后,声子受到缺陷的散射,声子平均自由程能显著降低,热导率随着被降低。我们发现当引入正方形的缺陷时, AGNRs 和 ZGNRs 的热导率降低幅度最大,为 80%。这意味着引入正方形的缺陷能够最有效的降低热导率。从图 5.2 我们发现引入正方形的缺陷会产生更多的悬挂键,这使得声子在边缘的散射更加剧烈。类似的结果在单原子缺陷和 Stone-Wales 缺陷都被已发现 [57]。

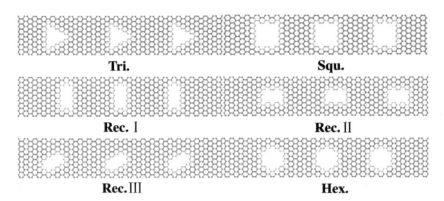

图 5.2　石墨带中引入 6 种不同形状的周期性缺陷,每条带上引入 3 个缺陷

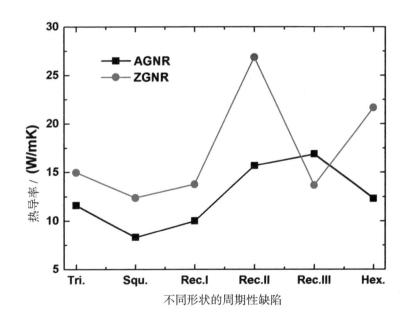

图 5.3　三角形(Tri.)、正方形(Squ.)、长方形(Rec. I 和 Rec. II)和六角形(Hex.)
缺陷石墨带的热导率

　　为了更好的研究缺陷对石墨带热导率的影响,表 5.1 给出了不同缺陷形状组合的热导率。同样,石墨带的长度和宽度固定在 10

nm 和 2 nm。当引入这些缺陷组合时,石墨带的热导率非常的接近。
我们发现引入正方形的缺陷比其他形状的缺陷以及各种形状缺陷
组合热导率降低幅度都大。这意味着在石墨带上引入正方形的缺
陷是最有效降低石墨带热导率的方法。

表 5.1　不同缺陷组合石墨带的热导率

Combinations	Tri.+Squ.+Rec.	Tri.+Squ.+Hex.	Tri.+Rec.+Hex.	Squ.+Rec.+Hex.
AGNRs' κ / W/mK	8.3	10.4	10.6	10.1
ZGNRs' κ / W/mK	13.6	14.2	15.2	13.0

5.2.2　石墨带长度对热导率的影响

对低维碳纳米体系而言,长度对热导率的影响是至关重要的
[58,59]。图 5.4 所示给出完美石墨带和有缺陷石墨带热导率随长度变
化的关系。从图中我们发现,完美石墨带的热导率随长度增加,热
导率急剧地增加。奇怪的是,有缺陷石墨带的热导率随着长度的增
加几乎不变。随着长度的增加,热导率降低的趋势越来越明显。当
长度在 50 nm 时,有缺陷石墨带的热导率会降低接近90%。结果表
明,周期性缺陷方面能够非常有效地降低石墨带的热导率。

5.2.3　不同缺陷浓度对石墨带热导率的影响

事实上,周期性缺陷石墨带的声子平均自由程是由相邻缺陷间

的距离决定的,并不是由石墨带的长度决定。我们用 C 表示缺陷的浓度(定义为 n/L, n 是缺陷的数目, L 是石墨带的长度)。为了更进一步的了解热导率降低的机制,我们分析了声子在石墨带上的散射。根据 Mathiessen 定律[60],完美石墨带和有缺陷石墨带的声子平均自由程由下式表示:

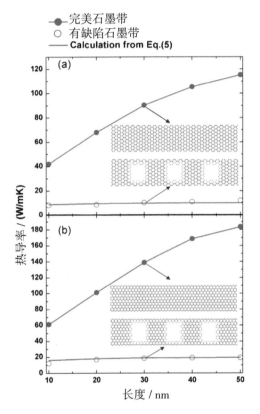

图 5.4　完美石墨带(Perfect GNRs)和有缺陷石墨带(Anti-dotted GNRs)热导率随长度变化关系

$$\frac{1}{\lambda_{perfect}} = \frac{1}{\lambda_{edge}} + \frac{1}{\lambda_L} + \frac{1}{\lambda_{int}} \qquad (5.2.2)$$

和

$$\frac{1}{\lambda_{anti-dotted}} = \frac{1}{\lambda_{edge}} + \frac{1}{\lambda_L} + \frac{1}{\lambda_{int}} + \frac{1}{\lambda_{antidot}} \ . \qquad (5.2.3)$$

这里, λ_{edge} , λ_L , λ_{int} 和 $\lambda_{antidot}$ 分别表示由边缘散射,边界散射,声子与声子间的相互作用以及缺陷引起的散射。我们用(5.2.3)、(5.2.2),通过一系列的变化可以得到

$$\frac{1}{\lambda_{anti-dotted}} - \frac{1}{\lambda_{perfect}} = \frac{1}{\lambda_{antidot}} \ . \qquad (5.2.4))$$

由于 $\lambda_{antidot}$ 是由相邻缺陷的间距决定的,即 $d = L/n = 1/C$,又由于 $\kappa \propto \lambda$ 。我们可以得

$$\kappa_{anti-dotted} = \frac{\kappa_{perfect}}{1 + \kappa_{perfect} Ca} \qquad (5.2.5)$$

其中, a 是一个特定的参数,可以通过数据拟合得到。

从公式(5.2.5),我们可以看到,缺陷石墨带的热导率是取决于石墨带中的缺陷浓度。图 5.5 所示给出了不同缺陷浓度 AGNR 和 ZGNR 的热导率。我们发现随着缺陷浓度的增加,热导率呈单调递减趋势。从图中我们可以发现 MD 模拟得到的数据与理论分析得到的公式(5.2.5)结果完全一致,这充分证明了具有周期性缺陷石墨带的热导率是由缺陷的浓度决定的。当缺陷浓度保持不变时,石墨带的热导率几乎不会变化。

利用经验公式[61]

$$\kappa = \kappa_\infty \left[1 - \exp\left(-\frac{L}{A} \right) \right] , \qquad (5.2.6)$$

我们可以预测完美石墨带的热导率。这里 κ_∞ 是无限长石墨带的热导率, L 是石墨带的长度, A 是拟合系数。这里所需要的拟合数据都可以通过图 5.4 得到。通过拟合,当石墨带长度约为 1 μm 时,完美 AGNRs 和 ZGNRs 的热导率分别为 148.3 W/mK 和 257.5 W/mK,而固定缺陷浓

度石墨带的热导率分别为 10.3 W/mK 和 20.5 W/mK。此时,我们发现具有固定缺陷浓度的石墨带相对完美石墨带而言几乎降低了 15 倍。因此,周期性缺陷方法能有效降低石墨带的热导率,使石墨带能够很好地应用于热电材料中。

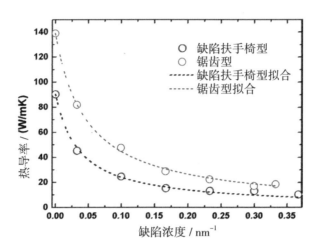

图 5.5　缺陷扶手椅型(AGNRs)和锯齿型(ZGNRs)石墨带热导率随缺陷浓度(Antidot concentration C)变化关系。其中红色和黑色虚线分别表示缺陷扶手椅型和锯齿型缺陷石墨带拟合得到的结果

5.2.4　通过控制 C_{60} 分子的数目来调节纳米碳管的热导率

首先,我们计算了在室温下,(10,10)单壁纳米碳管热导率随 C_{60} 分子数目从 1 个增加到 5 个时变化。如图 5.6 所示,0 表示不填充 C_{60} 分子的情况,纳米碳管长度固定在 10 nm。计算结果显示,当 C_{60} 数目增加时,纳米碳管的热导率首先增加,然后呈线性方式逐渐

地降低。当 C_{60} 分子数目小于 2 时，C_{60} 分子与纳米碳管间的微相互作用有利于热传输。而当 C_{60} 分子触目大于 2 时，C_{60} 分子与纳米碳管间的相互作用变得很强，使得声子散射加剧，从而降低热导率。结果表明，可以通过施加范德瓦耳斯力来控制纳米碳管的热导率。图 5.6（b）给出了纳米碳管热导率随 C_{70} 分子数目的变化关系。同样，我们也得到了类似的结论。

此外，我们还研究了纳米碳管热导率随着管径的变化，如图 5.7 所示。从图中可以看出来，随着管径的增加，碳管的热导率几乎呈现单调增加趋势。当 m 小于 11 时，随着 m 的增加，热导率呈现相同的趋势。当 m 大于 11 时，随着 m 的增加，热导率几乎不怎么变化。这个现象归结为以下原因：随着管径增加，C_{60} 分子与纳米碳管间的相互作用变得越来越弱，声子散射越来越小，使得热导率呈现上升趋势。

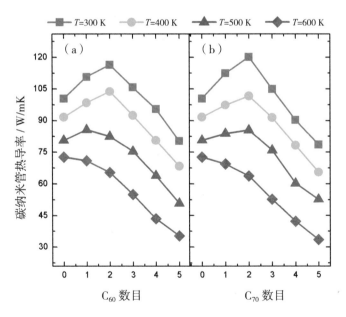

图 5.6　纳米碳管热导率（Thermal conductivity）在不同温度下随 C_{60}(a) 和 C_{70}(b) 数目变化关系

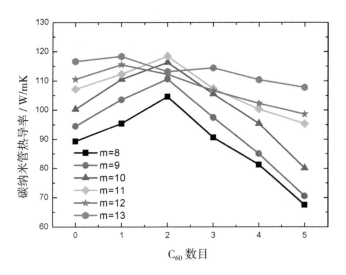

图 5.7　纳米碳管热导率（ Thermal conductivity ）随 C_{60} 分子数目以及管径（ m 指数
分别为 8,9,10,11,12 和 13 ）增加的关系

5.3　小结

　　本章中,我们提出了一种有效降低石墨带热导率的方法——周
期性缺陷方法。结果显示,通过引入缺陷,石墨带的热导率能够被
很大程度地降低,特别是引入正方形的缺陷。不同于完美石墨带热
导率对长度的变化非常敏感,长度对缺陷石墨带热导率几乎没有影
响。这主要是由于有缺陷石墨带的热导率是由缺陷浓度决定的。
我们预测在实验尺度上,缺陷石墨带的热导率可以降低 15 倍。此外,
我们通过在纳米碳管中引入 C_{60} 分子来控制碳管的热导率。计算结
果显示,纳米碳管的热导率可以通过 C_{60} 分子的数目来调节。

参考文献

[1] A. K. Geim , K. S. Novoselov. The rise of graphene [J]. Nat. Mater., 2007 (3): 183–191.

[2] Z. X. Guo, D. E. Zhang, X. G. Gong. Thermal conductivity of graphene nanoribbons [J]. Appl. Phys. Lett., 2009 (16): 163103.

[3] J. H. Chen, G. Jang, S. Xiao, et al. Intrinsic and extrinsic performance limits of graphene devices on SiO_2 [J]. Nat. Nanotechnol., 2008 (4): 206–209.

[4] A. H. Castro, F. Guinea, N. M. R. Peres, et al. The electronic properties of graphene [J]. Rev. Mod. Phys., 2009 (1): 109–162.

[5] X. Du, A. Barker, E. Y. Andrei. Approaching ballistic transport in suspended graphene [J]. Nat. Nanotechnol., 2008 (8): 491–495.

[6] D. Dragoman. Giant thermoelectric effect in graphene [J]. Appl. Phys. Lett., 2007 (20): 203116.

[7] Z. Aksamija,I. Knezevic. Lattice thermal conductivity of graphene nanoribbons: anisotropy and edge roughness scattering [J]. Appl. Phys. Lett., 2011 (14): 141919.

[8] Y. Dubi, M. D. Ventra. Colloquium: heat flow and thermoelectricity in atomic and molecular junctions [J]. Rev. Mod. Phys., 2011 (1): 131–155.

[9] S. Iijima. Helical microtublules of graphitic carbon [J]. Nature 1991 (6348): 56–58.

[10] C. H. Olk,J. P. Heremans. Scanning tunneling spectroscopy of carbon

nanotubes [J]. J. Mater., 1994 (2): 259–262.

[11] C. Dekker. Carbon nanotubes as molecular quantum wires [J]. Phys. Today, 1999: 22–30.

[12] J. W. Che, T. Cagin, W. A . Goddard. Thermal conductivity of carbon nanotubes [J]. Nanotechnology, 2000 (2): 65–69.

[13] S. Maruyama. A molecular dynamics simulation of heat conduction in finite length SWNTs [J]. Physica B, 2002 (1–4): 193–195.

[14] S. Maruyama. Review [J]. Microscale Thermophys. Eng., 2003, 7: 181–206.

[15] N. G. Mensah, G. Nkrumah, S. Y. Mensah, et al. Temperature dependence of the thermal conductivity in chiral carbon nanotubes [J]. Phys. Lett. A, 2004 (4–5): 369–378.

[16] Z. Yao, J. S. Wang, B. Li, et al. Thermal conduction of carbon nanotubes using molecular dynamics [J]. Phys. Rev. B, 2005 (8): 085417.

[17] N. Minggo,D. A. Broido. Carbon nanotube ballistic thermal conductance and its limits [J]. Phys. Rev. Lett., 2005 (9): 096105.

[18] G. Zhang,B. Li. Wall "thickness" effects on raman spectrum shift, thermal conductivity, and young's modulus of single–walled nanotubes [J]. J. Phys. Chem. B, 2005 (50): 23823–23826.

[19] M. Grujicic, G Cao, W. N. Roy. Computational analysis of the lattice contribution to thermal conductivity of single–walled carbon nanotubes [J]. J. Mater. Sci., 2005 (8): 1943–1952.

[20] J. S. Wang, J. Wang, N. Zeng. Nonequilibrium green's function approach to mesoscopic thermal transport [J]. Phys. Rev. B, 2006 (3): 033408.

[21] J. Wang ,J. S. Wang. Carbon nanotube thermal transport: ballistic to

diffusive [J]. Appl. Phys. Lett., 2006 (11): 111909.

[22] J. Hone, M. Whitney, C. Piskoti, et al. Thermal conductivity of single–walled carbon nanotubes [J]. Phys. Rev. B, 1999 (4): R2514–R2516.

[23] S. Berber, Y. K. Kwon, D. Tomanek. Unusunally high thermal conductivity of carbon nanotubes [J]. Phys. Rev. Lett., 2000 (20): 4613–4616.

[24] P. Kim, L. Shi, A. Majumdar,et al. Thermal transport measurements of individual multiwalled nanotubes [J]. Phys. Rev. Lett., 2001 (21): 215502.

[25] C. H. Yu, L. Shi, Z. Yao, et al. Thermal conductance and thermopower of an individual single–wall carbon nanotube [J]. Nano Lett., 2005 (9): 1842–1846.

[26] M. Fujii, X. Zhang, H. Q. Xie, et al. Measuring the thermal conductivity of a single carbon nanotube [J]. Phys. Rev. Lett., 2005 (6): 065502.

[27] E. Pop, D. Mann, Q. Wang,et al. Thermal conductance of an individual single–wall carbon nanotube above room temperature [J]. Nano Lett., 2006 (1): 96–100.

[28] T. Y. Choi, D. Poulikakos, J. Tharian, et al. Measurement of the thermal conductivity of individual carbon nanotubes by the four-point three–ω method [J]. Nano Lett., 2006 (8): 1589–1593.

[29] B. Li, L. Wang, G. Casati. Thermal diode: rectification of heat flux [J]. Phys. Rev. Lett., 2004 (18): 184301.

[30] M. Terraneo, M. Peyard, G. Casati. Controlling the energy flow in nonlinear lattices: a model for a thermal rectifier [J]. Phys. Rev. Lett., 2002 (9): 094302.

[31] G. Casati, C. Mejia–Monasterio, and T. Prosen. Magnetically induce thermal rectification [J]. Phys. Rev. Lett., 2007 (10): 104302.

[32] D. Segal. Single mode heat rectifier: controlling energy flow between electronic conductors [J]. Phys. Rev. Lett., 2008 (10): 105901.

[33] B. Li, L. Wang, G. Casati. Negative differential thermal resistance and thermal transistor [J]. Appl. Phys. Lett., 2006 (14): 143501.

[34] L. Wang,B. Li. Thermal logic gates: computation with phonons [J]. Phys. Rev. Lett., 2007 (17): 177208.

[35] L. Wang,B. Li. Thermal memory: a storage of phononic information [J]. Phys. Rev. Lett., 2008 (26): 267203.

[36] G. Zhang,B. Li. Anomalous vibrational energy diffusion in carbon nanotubes [J]. J. Chem. Phys., 2005 (1): 014705.

[37] W. J. Evans, L. Hu, P. Keblinski. Thermal conductivity of graphene ribbons from equilibrium molecular dynamics: effect of ribbon width, edge roughness, and hydrogen termination [J]. Appl. Phys. Lett., 2010 (20): 203112.

[38] J. N. Hu, S. Schiffli, A. Vallabhaneni, et al. Tuning the thermal conductivity of graphene nanoribbons by edge passivation and isotope engineering: a molecular dynamics study [J]. Appl. Phys. Lett., 2010 (13): 133107.

[39] N. Wei, L. Q. Xu, H. Q. Wang, et al. Strain engineering of thermal conductivity in graphene sheets and nanoribbons: a demonstration of magic flexibility [J]. Nanotechnology, 2011 (10): 105705.

[40] T. Ouyang, Y. P. Chen, K. K. Yang, et al. Thermal transport of isotopic–superlattice graphene nanoribbons with zigzag edge [J]. Europhys. Lett., 2009 (2): 28002.

[41] Y. Chen, T. Jayasekera, A. Calzolari,et al. Thermoelectric properties

of graphene nanoribbons, junctions and superlattices [J]. J. Phys.: Condens. Matter, 2010 (37): 372202.

[42] T. G. Pedersen, C. Flindt, J. Pedersen, et al. Graphene antidot lattices: designed defects and spin qubits [J]. Phys. Rev. Lett., 2008 (13): 136804.

[43] J. A. Fürst, J. G. Pedersen, C. Flindt, et al.Electronic properties of graphene antidot lattices [J]. New J. Phys., 2009 (9): 095020.

[44] J. A. Fürst, T. G. Pedersen, M. Brandbyge, et al. Density functional study of graphene antidot lattices: roles of geometrical telaxation and spin [J]. Phys. Rev. B, 2009 (11): 115117.

[45] J. K. Yu, S. Mitrovic, D. Tham, et al. Reduction of thermal conductivity in phononic nanomesh structures [J]. Nat. Nanotechnol., 2010 (10): 718–721.

[46] J.W Jiang, J.S Wang, B. Li. Thermal conductance of graphene and dimerite [J]. Phys. Rev. B, 2009 (20): 205418.

[47] M. Morooka, T. Yamamoto, K. Watanabe. Defect–induced circulating thermal current in graphene with nanosized width [J]. Phys. Rev. B, 2008 (3): 033412.

[48] J. Lan, J.S. Wang, C. K. Gan, et al. Edge effects on quantum thermal transport in graphene nanoribbons: tight–binding calculations [J]. Phys. Rev. B, 2009 (11): 115401.

[49] W. Zhao, Z. X. Guo, J. X. Cao,et al. Enhanced thermoelectric properties of armchair graphene nanoribbons with defects and magnetic field [J]. AIP Advances, 2011 (4): 042135.

[50] A. V. Savin, Y. S. Kivshar, B. Hu. Suppression of thermal conductivity in graphene nanoribbons with rough edges [J]. Phys. Rev. B, 2010 (19): 195422.

[51] S. Chien, Y. T. Yang, C. K. Chen. Influence of hydrogen functionalization on thermal conductivity of graphene: nonequilibrium molecular dynamics simulations [J]. Appl. Phys. Lett., 2011 (3): 033107.

[52] D. Wei, Y. Song, F. Wang. A simple molecular mechanics potential for μm scale graphene simulations from the adaptive force matching method [J]. J. Chem. Phys., 2011 (18): 184704.

[53] K. Bi, Y. Chen, M. Chen, et al. The influence of structure on ther thermal conductivities of low-dimensional carbon materials [J]. Soli. Stat. Comm., 2010 (29-30): 1321-1324.

[54] Z. Y. Ong ,E. Pop. Effect of substrate modes on thermal transport in supported graphene [J]. Phys. Rev. B, 2011 (7): 075471.

[55] J. H. Lee, J. C. Grossman, J. Reed, et al. Lattice thermal conductivity of nanoporous Si: molecular dynamics study [J]. Appl. Phys. Lett., 2007 (22): 223110.

[56] Y. He, D. Donadio, J. H. Lee,et al. Thermal transport in nanoporous silicon: interplay between disorder ati mesoscopic and atomic scales [J]. ACS Nano, 2011 (3): 1839-1844.

[57] J. Haskins, A. Kinaci, C. Sevik,et al. Control of thermal and electronic transport in defect-engineered graphene nanoribbons [J]. ACS Nano, 2011 (5): 3779-3787.

[58] J. W. Jiang, J. H. Lan, J. S. Wang, et al. Isotopic effects on thermal conductivity of graphene nanoribbons: localization mechanism [J]. J. Appl. Phys., 2010 (5): 054314.

[59] S. K. Chien, Y. T. Yang, C. K. Chen. Influence of hydrogen functionalization on thermal conductivity of graphene: nonequilibrium molecular dynamics simulations [J]. Appl. Phys. Lett., 2011 (3):

033107.

[60] J. M. Ziman. Electrons and Phonons: The Theory of Transport Phenomena in Solids [M]. Clarendon Press, Oxford, 1960.

[61] J. A. Thomas, R. M. Iutzi, A. J. H. McGaughey. Thermal condcutivity and phonon transport in empty and water–filled carbon nanotubes [J]. Phys. Rev. B, 2010 (4): 045413.

第 6 章

节点对石墨带热输运性质的

分子动力学研究

6.1　研究背景与动机

　　由于低维纳米材料石墨烯和石墨纳米带拥有很好的电学 [1-3]、光学 [4,5]、热学 [6-8] 以及力学 [9,10] 性质,它们受到了人们广泛的关注。此外,石墨带具有很高的电子迁移率、很好的弹道传输性能以及很高的 Seebeck 系数。这些优良的性质表明石墨烯和石墨带可以作为将来很重要的材料,可以应用到纳米电子学中的热管理 [11-14] 以及热电材料当中 [15,16]。

　　然而,在纯石墨烯中制得石墨带的过程中,由于种种因素,使得石墨带中会存在一些缺陷,例如单的和双的空穴、反点 [17]、边界粗糙、氢

维纳米材料拓扑电子态及热输运性质的理论研究

掺杂[18]、节点等等。从应用方面来看,节点对石墨带热导率的影响在热管理以及热器件中起非常重要的作用。当用化学方法制得石墨带的时候,2 个片段的石墨片接在一起便形成了锯齿形状的石墨带,即 SGNR[19]。尽管 SGNR 的电学性质已经被很好地研究了,但是热学性质还没被研究。另外,当碳管展开成为石墨带时,热导率是会上升还是下降? 从实际情况来看,弄清楚这些问题对石墨带和纳米碳管在热管理以及热器件上有很大的帮助。

6.2　计算结果与讨论

6.2.1　锯齿形状石墨带的模型

图 6-1 是完美扶手椅型石墨带和锯齿形状石墨带的示意图。为了消除温度的跳变,在两端分别用 5 层碳原子进行控温。为了方便表示,用 m 和 n 分别表示 SGNR 的宽度以及片段石墨带的长度。

6.2.2　节点对石墨带热导率的影响

如图 6-2 所示,给出了当 $m=3$ 和 $m=6$ 时, SGNRs 热导率随 n 的变化关系。$n=0$ 表示完美的 AGNRs。石墨带的长度固定在 20 nm。

我们发现 SGNRs 的热导率比 AGNRs 的要小得多。更有意思的是，随着 n 的增加，热导率降低到最小值，然后热导率缓慢增加。这个有趣的现象并不依赖于石墨带的宽度变化。类似地，当石墨带的长度分别为 40 nm 和 80 nm 时，也发现此现象。我们把此现象归结为以下原因：边界粗糙和节点的影响。当 n 值较小时，SGNR 可以被看成是边界粗糙的完美石墨带，由于边界粗糙引起的边界散射使得石墨带的热导率急剧下降。当 n 值较大时，即 n 大于 6 时，热流将会沿着图示箭头方向流动。这时 SGNR 被看成是石墨带中存在节点，由于节点边界声子散射，使得热导率下降。当 n 继续增大时，由于石墨带长度固定，节点数目会逐渐减少。这时声子散射减少，热导率呈上升趋势。

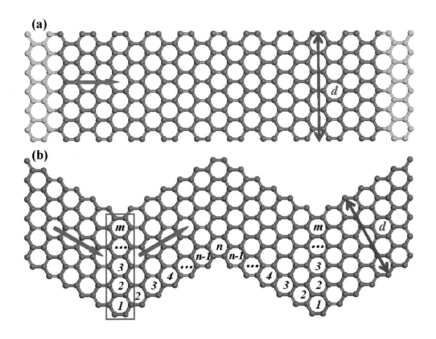

图 6-1 （a）完美扶手椅型石墨带和（b）锯齿形状石墨带的示意图

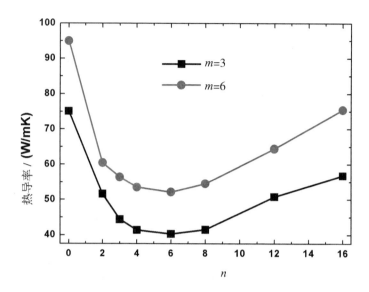

图 6-2 宽度 $m = 3$ 和 $m = 6$ 的 SGNRs 的热导率随 n 变化关系

6.2.3 长度以及宽度对石墨带热导率的影响

对低维纳米体系而言,体系的尺寸对热导率的影响是非常大的。图 6-3 给出了 SGNRs 热导率随长度变化关系。对于完美石墨带,随着长度的增加热导率呈现急剧上升的趋势。这是由于在室温下,纯的石墨烯声子平均自由程大约为 775 nm。为了更好地理解长度对热导率的影响,我们研究了对于不同 n 值的 SGNRs 随长度的变化。尽管对于不同的 n 值,SGNRs 的热导率不同,但是他们存在着相同的规律:对于 $m = 3$ 的 SGNRs,热导率几乎不依赖于长度的变化;对于 $m = 6$ 的 SGNRs,热导率随着长度的增加缓慢增加,随后达到一个固定的值。结果表明宽度对 SGNRs 的热导率也有很大的影响。对于窄的 SGNRs,热导率几乎不依赖于长度的变化,而对于宽的

SGNRs,热导率会随着长度的增加缓慢增加趋于固定的值。图 6-4 给出了不同宽度的 SGNRs 随宽度变化关系,石墨带的长度固定在 20 nm。为了便于比较,我们也给出了完美石墨带的热导率随宽度变化曲线。对于完美石墨带,随着宽度的增加,热导率首先急剧的增加,当增加到一定的数值时,热导率趋于稳定。然而对于 SGNRs,热导率一直呈现缓慢增加趋势。结果表明宽度对石墨带的影响也非常大。

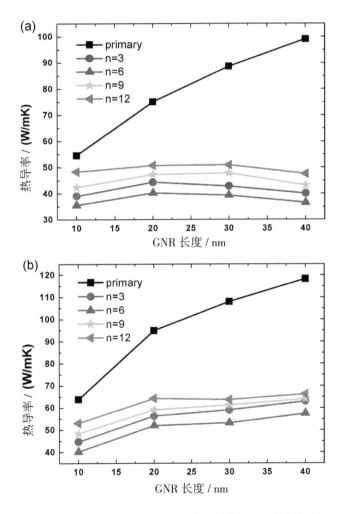

图 6-3　$m = 3$ (a) 和 $m = 6$ (b) SGNRs 热导率随长度变化曲线

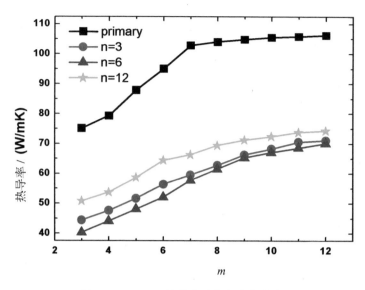

图 6-4　SGNRs 热导率随宽度变化曲线

6.3　小结

本章中,主要研究了完美石墨带和锯齿形状石墨带的热导率。锯齿形状石墨带热导率比完美石墨带的要低很多。当石墨带长度固定时,随着片段石墨带长度的增加,热导率首先急剧下降,然后呈缓慢上升趋势。我们将此归结为以下两个原因:边界粗糙和节点影响。

此外,还研究了边界对石墨带热导率的影响。首先,我们发现 AGNR 的热导率比 ZCNT 的热导率低,而 ZGNR 的热导率比 ACNT 的热导率高。结果表明 ZGNR 的边界有利于声子的传输,而 AGNR

的边界不利于声子传输。这一观点与普遍认为的边界不利于声子传输相违背。这些结果对我们更好地理解声子在石墨带和纳米碳管上的传输机制有很大的帮助。

参考文献

[1] Y. Zhang, Y. Tan, H. Stormer, et al. Experimental observation of the quantum hall effect and berry's phase in graphene [J]. Nature, 2005 (7065): 201-204.

[2] K. Wakabayashi, Y. Takane, M. Sigrist. Perfectly conducting channel and universality crossover in disordered graphene nanoribbons [J]. Phys. Rev. Lett., 2007 (3): 036601.

[3] A. H. Castro Neto, F. Guinea, N. M. Peres, et al. The electronic properties of graphene [J]. Rev. Mod. Phys., 2009 (1): 109 -162.

[4] X. Xu, N. M. Gabor, J. S. Alden,et al. Photo-thermoelectric effect at a graphene interface junction [J]. Nano Lett., 2010 (2): 562-566.

[5] R. R. Nair, P. Blake, A. N. Grigorenko,et al. Fine structure constant defines visual transparency of graphene [J]. Science, 2008 (5881): 1308-1311.

[6] S. Ghosh, D. L. Nika, E. P. Pokatilov, et al. Heat conduction in graphene: experimental study and theoretical interpretation [J]. New J. Phys., 2009 (9): 095012.

[7] A. A. Balandin. Thermal properties of graphene and nanostructured carbon materials [J]. Nat. Mater., 2011 (8): 569-581.

[8] D. L. Nika ,A. A. Balandin. Two-dimensional phonon transport in graphene [J]. J. Phys.: Condens. Matter, 2012 (23):

233203.

[9] C. Lee, X. Wei, J. W. Kysar, et al. Measurement of the elastic properties and intrinsic strength of monolayer graphene [J]. Science, 2008 (5887): 385–388.

[10] M. Yamada, Y. Yamakita, K. Ohno. Phonon dispersions of hydrogenated and dehydrogenated carbon nanoribbons [J]. Phys. Rev. B, 2008 (5): 054302.

[11] M. H. Bae, Z. Y. Ong, D. Estrada, et al. Imaging, simulation, and electrostatic control of power dissipation in graphene devices [J]. Nano Lett., 2010 (12): 4787–4793.

[12] K. M. F. Shahil, A. A. Balandin. Graphene-multilayer graphene nanocomposites as highly efficient thermal interface materials [J]. Nano Lett., 2012 (2): 861–867.

[13] Z. Yan, G. Liu, J. M. Khan, et al. Graphene quilts for thermal management of high-power GaN transistors [J]. Nat. Commun., 2012 (1): 827–830.

[14] J. Yu, G. Liu, A. V. Sumant, et al. Graphene-on-diamond devices with increased current-carrying capacity: carbon sp^2-on-sp^3 technology [J]. Nano Lett., 2012 (3): 1603–1608.

[15] Y. M. Zuev, W. Chang, P. Kim. Thermoelectric and magnetothermoelectric transport measurements of graphene [J]. Phys. Rev. Lett., 2009 (9): 096807.

[16] H. Sevincli, G. Cuniberti. Enhanced thermoelectric figure of merit in edge-disordered zigzag graphene nanoribbons [J]. Phys. Rev. B, 2010 (11): 113401.

[17] X. Ni, G. Liang, J. S. Wang, et al. Disorder enhances thermoelectric figure of merit in armchair graphene nanoribbons [J].

Appl. Phys. Lett., 2009 (19): 192114.

[18] H. S. Zhang, Z. X. Guo, W. Zhao, et al. Tremondous thermal conductivity reduction in anti-dotted graphene nanoribbons [J]. J. Phys. Soc. Jpn., 2012 (11): 114601.

[19] X. Wu ,X. C Zeng. Sawtooth-like graphene nanoribbon [J]. Nano Res., 2008 (1): 40-45.

第7章

卷曲石墨烯纳米条带的热输运性质

7.1 研究背景与动机

由于石墨烯具有独特的物理、化学以及力学特性 [1-3]，近年来受到人们的广泛关注。研究发现石墨烯具有极高的电子迁移率、很好的弹道传输特性以及巨大的 Seebeck 系数 [4,5]。这些优异的性质使石墨烯可以作为微电子器件的理想候选材料，其中包括逻辑器件 [6] 和热电动力的发电机 [7-9]。此外，由于石墨烯和石墨烯纳米条带具有很好的热输运性质，使其在高集成的纳米电子器件散热方面发挥着非常重要的作用 [10,11]。近来的实验观测 [12,13] 和理论预言 [14-18] 发现石墨烯有极高的热导率,大约是为 5 000 W/mK。这意味着石墨烯和石墨烯纳米条带(GNR)在热电子器件方面具有广阔的应用前景,比如作为热整流器和热晶体管[19,20]。

通常情况下,人们从石墨上剥离[21,22]或者在碳化硅表面外延生长[23]得到石墨烯。石墨烯纳米条带则是从完美的石墨烯上切割得到的。然而,在此过程中石墨烯纳米条带难免产生各种各样的缺陷,例如,反点[24,25]、边界粗糙[26,27]等。理论预言[16,17,27]边界粗糙会很大程度上降低石墨烯纳米条带的热导率。这是因为边界粗糙会导致石墨烯纳米条带中的声子剧烈散射。令人欣喜的是石墨烯纳米条带还可以利用等离子刻蚀多壁碳纳米管(CNT)[28]或者利用强氧化剂氧化单壁碳纳米管[29]得到。图 7.1 和图 7.2 分别表示利用上面两种方法得到石墨烯纳米条带的示意图。通过这两种方法得到的石墨烯纳米条带一般不是很平整,会有一定的弯曲度。但是相比于前面获得石墨烯纳米条带的方法,这两种方法在获得石墨烯纳米条带时能够很好地控制石墨烯纳米条带的边界,使得边界很平整具有很少的缺陷[28,29]。尽管石墨烯纳米条带和碳纳米管的热输运性质已经被研究得很清楚了,但是具有一定弯曲程度的石墨烯纳米条带的热学性质还没被研究。实验中在碳纳米管展开成石墨烯纳米条带的过程中,得到的石墨烯纳米条带不可避免会有弯曲度。因此,有许多问题还没弄清楚。例如,在碳纳米管展开成石墨烯纳米条带后,热导率如何随着弯曲度变化?是不是得到的两种类型(锯齿型和扶手椅型)的石墨烯纳米条带的热导率变化趋势一致?弄清楚这些问题对于石墨烯纳米条带和碳纳米管在未来的热器件中有很重要的应用价值。

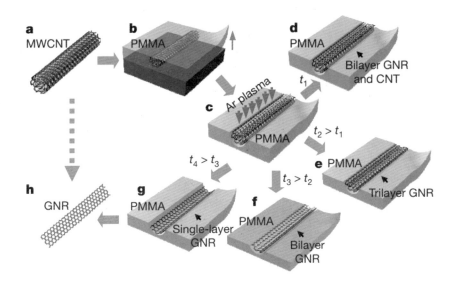

图 7.1 利用等离子刻蚀多壁碳纳米管得到石墨烯纳米条带的示意图
（图片取自文献 [28]）

在这个工作中,我们利用非平衡分子动力学方法系统地研究了 GNR 卷曲成 CNT 过程中热导率的变化。所有的模拟都是在 LAMMPS 分子动力学软件包中计算得到的 [30]。计算结果显示,当尺寸相同时:扶手椅型 GNR 的热导率小于锯齿型 CNT 的热导率;而锯齿型 GNR 的热导率大于扶手椅型 CNT 的热导率。通过分析 GNR 和 CNT 的声子参与率,发现低频声子对 GNR 和 CNT 的热输运性质起到非常重要的作用。更有趣的是,我们发现锯齿型 GNR 的边界有利于热输运,而扶手椅型 GNR 刚好相反。

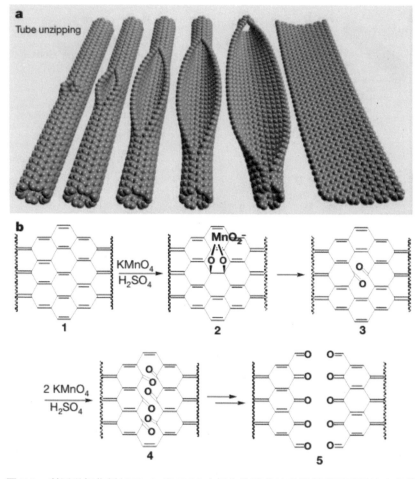

图 7.2　利用强氧化剂（$KMnO_4$ 和 H_2SO_4）氧化单壁碳纳米管得到石墨烯纳米条带的示意图（图片取自文献 [29]）

7.2　计算方法与模型

在该工作的非平衡分子动力学的模拟中,采用的是 AIREBO 势能 [31] 来描述 GNR 和 CNT 中碳原子与碳原子之间的相互作用。时间间隔设置为 0.5 fs。长度方向采用固定边界条件,即 GNR 和 CNT 的最外层的碳原子是固定的。首先,把体系放在 Nosé - Hoover 300 K 的恒温器中加温 0.5 fs。然后,使体系处在微正则系综(NVE)下持续 2.5 ns。为了在长度方向出现温度梯度,每隔 1 ps 我们往热浴加 0.5 eV 的能量,相反在冷浴减 0.5 eV 的能量。这里,热浴和冷浴由 5 层碳原子组成。当系统达到平衡状态后,热导率通过傅里叶定律得到:

$$\kappa = -\frac{Q}{t \cdot A \cdot (\partial T / \partial Z)}, \tag{7.2.1}$$

其中, t 和 A 分别表示模拟时间以及 GNR 和 CNT 横截面积(GNR 的厚度为 3.35 Å), Q 表示模拟中增加或者减少的总能, $\partial T / \partial Z$ 是沿着长度方向的温度梯度。在进行非平衡分子动力学模拟前,所有的结构都已经优化。GNR 和 CNT 的长度和宽度分别用 n 和 m 表示,如图 7.3 (a)和(b)所示。计算中,除非特别说明, n 和 m 分别固定在 32 和 12,温度设定在 300 K。

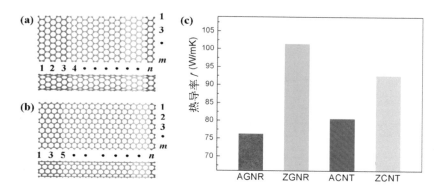

图7.3 （a）扶手椅型碳纳米带（AGNR）和锯齿型碳纳米管（ZCNT）示意图。（b）锯齿型纳米带（ZGNR）和扶手椅型碳纳米管（ACNT）示意图，其中最外层的棕色的碳原子是固定的。红色和绿色的碳原子分别表示在热浴和冷浴中。n 和 m 分别表示样品的长度和宽度。（c）当长度 $n = 32$ 和宽度 $m = 12$ 时，扶手椅型 GNR、锯齿型 GNR、扶手椅型 CNT 和锯齿型 CNT 四种情况下的热导率

7.3　计算结果与讨论

7.3.1　卷曲石墨烯纳米条带的热导率

　　图 7.3（c）给出了通过计算得到的扶手椅型 GNR、锯齿型 GNR、扶手椅型 CNT 和锯齿型 CNT 四种情况下的热导率。计算得到的扶手椅型和锯齿型 GNR 的热导率分别为 76.3 W/mK 和 101.4 W/mK，这与文献 [33–37] 的结果一致。我们发现扶手椅型的 GNR 热导率小于锯齿型 CNT 的热导率；而锯齿型的 GNR 热导率大于扶

手椅型 CNT 的热导率。在这我们认为扶手椅型(锯齿型)的 GNR 是从锯齿型(扶手椅型)CNT 展开形成的,如图 7.3 (a)和(b)所示。同样我们计算了当长度 $n = 32$ 和宽度 $m = 6$ 时,发现也有类似的现象,这说明这种现象并不依赖于样品的宽度。我们计算的结果显示:锯齿型 CNT 展开成扶手椅型 GNR,热导率降低;而扶手椅型 CNT 展开成锯齿型 GNR,热导率升高。

图 7.4 给出了 GNR 的热导率随着宽度方向卷曲角度的变化曲线。这里 $\theta=0°$ 表示扶手椅型(锯齿型)GNR;$\theta=360°$ 表示锯齿型(扶手椅型)CNT。从图 7.4 中可以看出,GNR 的热导率随着卷曲角度的增加而减小。这与文献 [38,39] 给出来热导率随着长度方向的卷曲角度的增加而减小的趋势是一致的。随着角度的增加,反常现象出现在最后一个阶段:扶手椅型 GNR 的热导率剧烈增加;而锯齿型 GNR 的热导率继续降低。这种反常的行为可以用最后一个阶段边界消失来解释。当扶手椅型的 GNR 卷曲成锯齿型 CNT 时,扶手椅型边界消失。类似地,当锯齿型 GNR 卷曲成扶手椅型 CNT 时,锯齿型边界消失。这意味着两种边界在热输运性质方面起着不同的作用。

7.3.2　声子参与率与局域振动态密度

为了更深层次地研究这种有趣的现象,我们利用振动特征模分析并计算了每个声子模式的参与率 [40]。我们假设在 GNR 和 CNT 中原子的振动方程为 $u_{i\alpha,\lambda} = 1/\sqrt{m}\varepsilon_{i\alpha,\lambda}\exp(i\omega_\lambda t)$。然后通过晶格动力学公式:

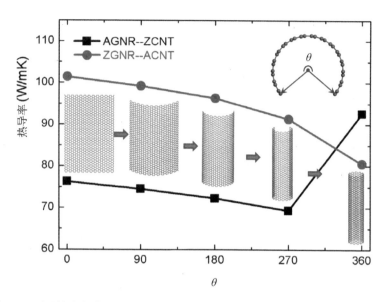

图 7.4 石墨烯纳米带的热导率随着宽度方向卷曲角度的变化曲线。同时我们也给出了碳纳米管展开为石墨烯纳米带的过程（AGNR–ZCNT 和 ZGNR–AGNT）。插图给出了石墨烯纳米带卷曲角度（θ）的示意图

$$\omega_\lambda^2 \varepsilon_{i\alpha,\lambda} = \sum_{j\beta} \Phi_{i\alpha,j\beta} \varepsilon_{j\beta,\lambda} \quad , \qquad (7.3.1)$$

得到声子振动的本征频率和它们相对应的本征矢量。这里，力常数矩阵 $\boldsymbol{\Phi}$ 由下式给出：

$$\Phi_{i\alpha,j\beta} = \frac{1}{m} \frac{\partial^2 V}{\partial u_{i\alpha} \partial u_{j\beta}} \circ \qquad (7.3.2)$$

这里，$u_{i\partial}$ 是第 i 个原子在 α 笛卡儿坐标系中的原子位置；m 是碳原子的质量；V 是体系总的势能。声子参与率（p_λ）能够有效地描述空间局域程度，它由每个独立的振动模表征。它的振动模由如下公式给出：

$$p_\lambda^{-1} = N \sum_i \left(\sum_\alpha \varepsilon_{i\alpha,\lambda}^* \varepsilon_{i\alpha,\lambda} \right)^2 , \qquad (7.3.3)$$

其中，i 表示体系中的某个原子；α 表示笛卡儿坐标系；$\varepsilon_{i\alpha,\lambda}$ 代表的是第 λ 振动模式相对应的振动的本征值；N 是总的原子数。声子参与率从 1 到 1/N 的变化趋势表示声子的局域程度。因此，它能够很有效地描述原子在特定振动模式下的局域程度。

图 7.5 中，（a）石墨烯、（b）扶手椅型 GNR、（c）部分展开的锯齿型 CNT、（d）锯齿型 CNT、（e）锯齿型 GNR、（f）部分展开的扶手椅型 CNT 和（g）扶手椅型 CNT 七种情况下的声子参与率。样品模拟的长度和宽度分别设置为 $n=32$ 和 $m=12$。对于完美的石墨烯而言，声子参与率在整个窗口中主要分布在 0.4 ～ 0.75。这意味着大部分的原子都参与振动。这也能够很好地解释完美石墨烯具有很高的热导率（约 5 000 W/mK）[12]。从图 7.5（b）和（c）可以看出，当石墨烯卷曲一定角度后，声子参与率会很明显地下降，特别是从低频率 10 ～ 50 THz。从图 7.4 可以看出，在这个过程中体系的热导率是受弯曲角度的变化而变化。图 7.5（e）和（f）的结果与这种趋势是一致的。当把 GNR 卷曲成 CNT 时，边界的消失对热导率的变化起决定作用。从图 7.5（b）和（c）可以看出，当部分弯曲的锯齿型 CNT 卷曲成锯齿型 CNT 后，声子的参与率会增加，从而导致热导率的增加。而当部分弯曲的扶手椅型 CNT 卷曲成扶手椅型 CNT 后，在低频（10 ～ 20 THz）处的声子参与率会下降，这导致体系的热导率降低。我们还发现当扶手椅（锯齿）型 GNR 卷曲成锯齿（扶手椅）型 CNT 时，低频声子会很大程度地减少（增多）。这意味着低频声子在热输运方面起到了非常重要的作用。

最后，我们计算了局域的振动态密度来证明两种不同边界起到的不同作用。公式定义如下：

$$\Phi_{\Gamma(i)} = \frac{\displaystyle\sum_{\lambda \in \Gamma}\sum_{\alpha} \varepsilon_{i\alpha,\lambda}^{*}\varepsilon_{i\alpha,\lambda}}{\displaystyle\sum_{j}\sum_{\lambda \in \Gamma}\sum_{\alpha} \varepsilon_{j\alpha,\lambda}^{*}\varepsilon_{j\alpha,\lambda}} \text{。} \tag{7.3.4}$$

在公式（7.5）中，$\Phi_{\Gamma(i)}$ 表示局域模式的强度；Γ 是局域模式的范围（$\Gamma=[\lambda: p_\lambda < 0.2]$）；$j$ 是总的原子数。$p_\lambda < 0.2$ 表示当声子振动模式的参与率小于 0.2 时，我们认为此时的模式是完全被局域的。图 7.6 给出了 GNR、CNT 和部分展开的 CNT 的局域振动态密度。从图 7.6（a）中可以看出，大多数的局域模式出现在扶手椅型 GNR 的边界。这说明扶手椅型 GNR 的边界不利于热输运。而对于锯齿型 GNR 来说，只有很少的局域模式出现在边界上，表明锯齿型边界有利于热输运，如图 7.6（d）所示。对于 CNT，局域模式对称地出现在管上，如图 7.6（c）和（f）所示。图 7.6 结果说明锯齿型边界和扶手椅型边界在热传输方面起到了完全不同的作用：前者有利于热输运；而后者刚好相反。这个结果与文献 [15] 提出的观点是不同的。

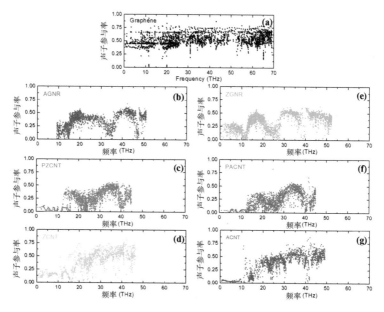

图 7.5 （a）石墨烯（Graphene）、（b）扶手椅型石墨烯纳米带（AGNR）、（c）部分展开的锯齿型碳纳米管（PZCNT）、（d）锯齿型碳纳米管（ZCNT）、（e）锯齿型石墨烯纳米带（ZGNR）、（f）部分展开的扶手椅型碳纳米管（ACNT）和（g）扶手椅型碳纳米管（ACNT）的声子参与率（Participation Ratio）。对于部分展开的扶手椅型（锯齿型）碳纳米管，其卷曲角度为 180°。

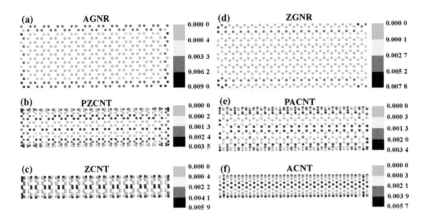

图 7.6 （a）扶手椅型 GNR、（b）部分展开的锯齿型 CNT、（c）锯齿型 CNT、（d）锯齿型 GNR、（e）部分展开的扶手椅型 CNT 和（f）扶手椅型 CNT 的局域振动态密度。对于部分展开的扶手椅（锯齿型）CNT，卷曲角度是 180°。

7.4　小结

　　该工作中，我们利用非平衡分子动力学方法系统地研究了 GNR 卷曲成 CNT 过程中热导率的变化。结果发现，当尺寸相同时：扶手椅型 GNR 的热导率小于锯齿型 CNT 的热导率；而锯齿型 GNR 的热导率大于扶手椅型 CNT 的热导率。这种完全相反的趋势主要归因于两种不同的边界对输运性质起到了完全不同的作用。通过分析 GNR 和 CNT 的声子参与率，我们发现锯齿型 GNR 的边界有利于热输运，而扶手椅型 GNR 刚好相反。此外，研究结果表明低频声子对 GNR 和 CNT 的热输运性质起到非常重要的作用。通过计算局域的振动态密度，证明两种不同边界确实起到了不同的作用。

参考文献

[1] K. S. Novoselov, A. K. Geim, S. V. Morozov, et al. Electric field effect in atomically thin carbon films [J]. Science, 2004 (5696): 666–669.

[2] Y. W. Son, M. L. Cohen, S. G. Louie. Half-metallic graphene nanoribbons [J]. Nature, 2006 (7117): 347–349.

[3] J. S. Bunch, A. M. Parpia, H. G. Craighead, et al. Electromechanical resonators from graphene sheets [J]. Science, 2007 (5811): 490–493.

[4] J. H. Chen, G. Jang, S. Xiao, et al. Intrinsic and extrinsic performance limits of graphene devices on SiO_2 [J]. Nat. Nanotechnol., 2008 (4): 206–209.

[5] X. Du, A. Barker, E. Y. Andrei. Approaching ballistic transport in suspended graphene [J]. Nat. Nanotechnol., 2008 (8): 491–495.

[6] Y. M. Lin, K. A. Jenkins, A. Valdes-Garcia, et al. Operation of graphene transistors at gigahertz frequencies [J]. Nano Lett., 2009 (1): 422–426.

[7] Y. M. Zuev, W. Chang, P. Kim. Thermoelectric and magnetothermoelectric transport measurements of graphene [J]. Phys. Rev. Lett., 2009 (9): 096807.

[8] H. Sevincli, G. Cuniberti. Enhanced thermoelectric figure of merit in edge disordered zigzag graphene nanoribbons [J]. Phys. Rev. B, 2010 (11): 113401.

[9] X. Ni, G. Liang, J. S. Wang, et al. Disorder enhances thermoelectric

figure of merit in armchair graphane nanoribbons [J]. Appl. Phys. Lett., 2009 (19): 192114.

[10] M. H. Bae, Z. Y. Ong, D. Estrada, et al. Imaging, simulation, and electrostatic control of power dissipation in graphene devices [J]. Nano Lett., 2010 (12): 4787–4793.

[11] J. Yu, G. Liu, A. V. Sumant, et al. Graphene–on–diamond devices with increased current–carrying capacity: carbon sp2–on–sp3 technology [J]. Nano Lett., 2012 (3): 1603–1608.

[12] A. A. Balandin, S. Ghosh, W. Bao, et al. Superior Thermal Conductivity of Single–Layer Graphene [J]. Nano Lett., 2008 (3): 902–907.

[13] S. Ghosh, I. Calizo, D. Teweldebrhan, et al. Extremely high thermal conductivity of graphene: Prospects for thermal management applications in nanoelectronic circuits [J]. Appl. Phys. Lett., 2008 (15): 151911.

[14] S. Ghosh, D. L. Nika, E. P. Pokatilov, et al. Heat conduction in graphene: experimental study and theoretical interpretation [J]. New J. Phys., 2009 (9): 095012.

[15] Z. X. Guo, D. E. Zhang, X. G. Gong. Thermal conductivity of graphene nanoribbons [J]. Appl. Phys. Lett., 2009 (16): 163103.

[16] J. N. Hu, X. L. Ruan, Y. P. Chen. Thermal conductivity and thermal rectification in graphene nanoribbons: a molecular dynamics study [J]. Nano Lett., 2009 (7): 2730–2735.

[17] D. L. Nika, E. P. Pokatilov, A. S. Askerov, et al. Phonon thermal conduction in graphene: Role of Umklapp and edge roughness scattering [J]. Phys. Rev. B, 2009 (15): 155413.

[18] D. L. Nika, A. S. Askerov, A. A. Balandin. Anomalous Size

Dependence of the Thermal Conductivity of Graphene Ribbons [J]. Nano Lett., 2012 (6): 3238–3244.

[19] B. Hu, L. Yang, Y. Zhang. Asymmetric heat conduction in nonlinear lattices [J]. Phys. Pev. Lett., 2006 (12): 124302.

[20] N. Yang, G. Zhang, B. Li. Carbon nanocone: A promising thermal rectifier [J]. Appl. Phys. Lett., 2009 (3): 033107.

[21] K. S. Novoselov, A. K. Geim, S. V. Morozov, et al. Two–dimensional gas of massless Dirac fermions in graphene [J]. Nature, 2005 (7065): 197–200.

[22] Y. Zhang, Y. W. Tan, H. L. Stormer, et al. Experimental Observation of Quantum Hall Effect and Berry's Phase in Graphene [J]. Nature, 2005 (7065): 201–204.

[23] K. V. Emtsev, F. Speck, T. Seyller, et al. Interaction, growth, and ordering of epitaxial graphene on SiC{0001} surfaces: A comparative photoelectron spectroscopy study [J]. Phys. Rev. B, 2008 (15): 155303.

[24] W. Zhao, Z. X. Guo, J. X. Cao, et al. Enhanced thermoelectric properties of armchair graphene nanoribbons with defects and magnetic field [J]. AIP Adv., 2011 (4): 042135.

[25] H. S. Zhang, Z. X. Guo, W. Zhao, et al. Tremendous Thermal Conductivity Reduction in Anti–Dotted Graphene Nanoribbons [J]. J. Phys. Soc. Jpn., 2012 (11): 114601.

[26] W. J. Evans, L. Hu, P. Keblinski. Thermal conductivity of graphene ribbons from equilibrium molecular dynamics: Effect of ribbon width, edge roughness, and hydrogen termination [J]. Appl. Phys. Lett., 2010 (20): 203112.

[27] Z. Aksamija,I. Knezevic. Lattice thermal conductivity of graphene

nanoribbons: Anisotropy and edge roughness scattering [J]. Appl. Phys. Lett., 2011 (14): 141919.

[28] L. Jiao, L. Zhang, X. Wang,et al. Narrow graphene nanoribbons from carbon nanotubes [J]. Nature, 2009 (7240): 877–880.

[29] D. V. Kosynkin, A. L. Higginbotham, A. Sinitskii, et al. Tour. Longitudinal unzipping of carbon nanotubes to form graphene nanoribbons [J]. Nature, 2009 (7240): 872–876.

[30] S. Plimpton. Fast parallel algorithms for short–range molecular dynamics [J]. J. Comput. Phys., 1995 (1): 1–19.

[31] D. W. Brenner, O. A. Shenderova, J. A. Harrison, et al. A second–generation reactive empirical bond order (REBO) potential energy expression for hydrocarbons [J]. J. Phys. :Condens. Matter, 2002 (4): 783–802.

[32] S. J. Nosé. A unified formulation of the constant temperature molecular dynamics methods [J]. J. Chem. Phys., 1984 (1): 511–519.

[33] W. G. Hoover. Canonical dynamics: Equilibrium phase–space distribution [J]. Phys. Rev. A, 1985 (3): 1695–1697.

[34] A. V. Savin, Y. S. Kivshar, B. Hu. Suppression of thermal conductivity in graphene nanoribbons with rough edges [J]. Phys. Rev. B, 2010 (19): 195422.

[35] S. Chien, Y. T. Yang, C. K. Chen. Influence of hydrogen functionalization on thermal conductivity of graphene: Nonequilibrium molecular dynamics simulations [J]. Appl. Phys. Lett., 2011 (3): 033107.

[36] N. Wei, L. Xu, H. Q. Wang, et al. Strain engineering of thermal conductivity in graphene sheets and nanoribbons: a demonstration of magic flexibility [J]. Nanotechnology, 2011 (10): 105705.

[37] D. Wei, Y. Song, F. Wang. A simple molecular mechanics potential for μm scale graphene simulations from the adaptive force matching method [J]. J. Chem. Phys., 2011 (18): 184704.

[38] Z. Y. Ong, E. Pop. Effect of substrate modes on thermal transport in supported graphene [J]. Phys. Rev. B, 2011 (7): 075471.

[39] T. Ouyang, Y. P. Chen, Y. Xie, et al. Thermal conductance modulator based on folded graphene nanoribbons [J]. Appl. Phys. Lett., 2011 (23): 233101.

[40] N. Yang, X. Ni, J. W. Jiang, et al. How does folding modulate thermal conductivity of graphene? [J]. Appl. Phys. Lett., 2012 (9): 093107.

[41] G. Xie, B. Li, L. Yang, et al. Ultralow thermal conductivity in Si/ Ge$_x$Si$_{1-x}$ core–shell nanowires [J]. J. Appl. Phys., 2013 (8): 083501.

第 8 章

总结与展望

本书主要基于第一性原理、最局域 Wannier 函数、分子动力学方法研究了近年来凝聚态物理学中的一些前沿问题,包括如何在低维体系中实现量子反常霍尔效应及卷曲石墨烯纳米条带的热输运性质等。下面我们对研究结果进行总结和展望。

8.1 总结

在这部分中,首先研究了稳定的二维哑铃状结构锡烯吸附铬原子的电子结构和拓扑性质。结果表明该体系中在 Γ 点而非 K 和 K' 处打开非平庸的带隙。这种拓扑性质主要是由锡原子的上自旋 $P_{x,y}$

轨道和下自旋 p_z 轨道能带翻转导致的。通过计算得到的陈数为 −1，表明在体系的边界处会出现有手性的传输通道。通过在面内施加张应力，非平庸的带隙可以调节至 50 meV。此外，我们发现该体系生长在氮化硼表面上时，氮化硼衬底对能带结构几乎没有影响。

其次，系统地研究了二维哑铃状结构锡烯吸附铬原子的电子结构和拓扑性质。结果表明在半饱和的 Sn/PbI$_2$ 异质结中可以实现量子反常霍尔效应，得到的非平庸带隙可以达到 90 meV，这比前面工作得到的量子反常霍尔效应要大得多。计算得到的陈数为 1，表明边界态是受拓扑保护的，体系的边界处会出现手性的传输通道。即使没磁性原子，也可以在这种异质结中实现量子反常霍尔效应。最后又设计了一种更为稳定地实现量子反常霍尔效应的三明治结构的异质结。

接着，主要利用非平衡分子动力学方法系统地研究了完美石墨带和有缺陷石墨带的热导率。发现在石墨带中引入周期性的缺陷，特别是正方形的缺陷，能够很有效地降低石墨带的热导率。有意思的是，随着长度的增加，完美石墨带的热导率逐渐增加，而具有缺陷石墨带的热导率几乎不变。通过分析声子平均自由程，我们发现缺陷石墨带的热导率是由缺陷浓度决定的。这一结果有利于更好地了解声子在石墨带上的热传输机制。后续，通过在纳米碳管中引入 C$_{60}$ 分子来控制碳管的热导率。计算结果显示，纳米碳管的热导率可以通过 C$_{60}$ 分子的数目来调节。随着 C$_{60}$ 分子数目的增加，热导率首先增加，然后呈现线性的递减趋势。这表明填充 C$_{60}$ 分子的纳米碳管可以作为很好的热控制器。随后，还研究了完美石墨带和锯齿形状石墨带的热导率。锯齿形状石墨带热导率比完美石墨带的要低很多。当石墨带长度固定时，随着片段石墨带长度的增加，热导率首先急剧地下降，然后呈缓慢上升趋势。将此现象归结为以下两个原因：边界粗糙和节点影响。通过系统地研究石墨带和纳米碳管的热导率发现 ZGNR 的边界有利于声子的传输,而 AGNR 的边界不利于声子传输。这一观点与普遍认为的边界不利于声子传输相违背。这对更好地理解声子在石墨带和纳米碳管上的传输机制有很大的帮助。

最后,研究石墨烯纳米条带卷曲成碳纳米管过程中热导率的变化。结果发现,当尺寸相同时:扶手椅型石墨烯纳米条带的热导率小于锯齿型碳纳米管的热导率;而锯齿型石墨烯纳米条带的热导率大于扶手椅型碳纳米管的热导率。这种完全相反的趋势主要归因于两种不同的边界对输运性质起到了完全不同的作用。通过分析石墨烯纳米条带和碳纳米管的声子参与率,发现锯齿型石墨烯纳米条带的边界有利于热输运,而扶手椅型石墨烯纳米条带刚好相反。此外,研究结果表明低频声子对石墨烯纳米条带和碳纳米管的热输运性质起到非常重要的作用。通过计算局域的振动态密度,证明两种不同边界确实起到了不同作用。

8.2　展望

尽管人们提出了很多理论模型来实现量子反常霍尔效应,但是实验中仅仅在拓扑绝缘体 $(Bi,Sb)_2Te_3$ 中掺杂 Cr 或者 V 元素实现了量子反常霍尔效应。且在实验中观测这个效应所需要的温度非常低(几十毫开尔文),不利于应用到现实中。因此,找到能够实现量子反常霍尔效应并且在实验中容易观测的体系仍然是目前面临的最重要的任务。

近年来,随着对拓扑绝缘体的深入研究,人们发现金属材料中也存在着拓扑态,称之为拓扑半金属,包括 Dirac 半金属和 Weyl 半金属。其表面态具有费米弧、体态动量空间中存在磁单极结构,以及独特的输运性质等特性。从能带角度来讲,晶体中某些特殊的对称性是引起拓扑半金属态的重要原因。接下来,我们会在已掌握的理论计算方法(例如在对称不变理论下写出 kp 模型、表面格林函数计算表面态等)基础上,寻找一些属于拓扑半金属的新材料并表征之。

　　另外,虽然目前理论上对石墨烯和碳纳米管的热输运性质有了较多研究,但是还有许多问题需要解决。例如,我们采用的方法无法考虑电子与声子、电子与电子的相互作用。如何解决这个问题使得理论与实验能够符合得很好。此外,有研究报道石墨烯和碳纳米管可以应用到热电材料中,但是实验上仍然没有这方面的研究。这就意味着如何设计才能使得石墨烯和碳纳米管可以应用到热电材料是目前人们非常关注的问题。